スパイラル　数

解答編

1 (1) **9**

(2) **−6**

(3) **9**

(4) **−8**

2 (1) **1, 4, 7, 10, 13**

(2) **−1, 2, 7, 14, 23**

(3) $\boldsymbol{\frac{1}{2}, \frac{2}{3}, \frac{3}{4}, \frac{4}{5}, \frac{5}{6}}$

(4) **9, 99, 999, 9999, 99999**

3 (1) $\boldsymbol{a_6=18,\ a_n=3n}$

(2) $\boldsymbol{a_6=6^2=36,\ a_n=n^2}$

(3) $\boldsymbol{a_6=28,\ a_n=5n-2}$

4 (1) 6, 12, 18, ……, 96

よって，初項 **6**

末項 **96**

また，$6=6\times1$,

$96=6\times16$ であるから

項数 **16**

(2) 11, 13, 15, ……, 99

よって，初項 **11**

末項 **99**

また，$11=2\times1+9$,

$99=2\times45+9$ であるから

項数 **45**

5 (1) **3, 5, 7, 9, 11**

(2) **10, 7, 4, 1, −2**

6 (1) 初項 **1**，公差 **4**

(2) 初項 **8**，公差 **−3**

(3) 初項 **−12**，公差 **5**

(4) 初項 **1**，公差 $\boldsymbol{-\frac{4}{3}}$

7 (1) $a_n=3+(n-1)\times2$

$=\boldsymbol{2n+1}$

$a_{10}=2\times10+1=\boldsymbol{21}$

(2) $a_n=10+(n-1)\times(-3)$

$=\boldsymbol{-3n+13}$

$a_{10}=-3\times10+13=\boldsymbol{-17}$

(3) $a_n=1+(n-1)\times\frac{1}{2}$

$=\boldsymbol{\frac{1}{2}n+\frac{1}{2}}$

$a_{10}=\frac{1}{2}\times10+\frac{1}{2}=\boldsymbol{\frac{11}{2}}$

(4) $a_n=-2+(n-1)\times\left(-\frac{1}{2}\right)$

$=\boldsymbol{-\frac{1}{2}n-\frac{3}{2}}$

$a_{10}=-\frac{1}{2}\times10-\frac{3}{2}=\boldsymbol{-\frac{13}{2}}$

8 (1) $a_n=1+(n-1)\times3$

$=3n-2$

よって，第 n 項が 94 であるとき

$3n-2=94$

より　$n=32$

したがって，94 は**第 32 項**である。

(2) $a_n=50+(n-1)\times(-7)$

$=-7n+57$

よって，第 n 項が −83 であるとき

$-7n+57=-83$

より　$n=20$

したがって，−83 は**第 20 項**である。

9 初項を a，公差を d とする。

(1) $a=5$, $a_7=23$ より　$5+(7-1)d=23$

$5+6d=23$

$d=3$

よって，求める一般項は

$a_n=5+(n-1)\times3$

$=\boldsymbol{3n+2}$

(2) $a=17$, $a_5=-11$ より　$17+(5-1)d=-11$

$17+4d=-11$

$4d=-28$

$d=-7$

よって，求める一般項は

$\boldsymbol{a_n}=17+(n-1)\times(-7)$
$=\boldsymbol{-7n+24}$

(3) $d=6$, $a_{10}=15$ より　$a+(10-1)\times 6=15$
$a+54=15$
$a=-39$
よって，求める一般項は
$\boldsymbol{a_n}=-39+(n-1)\times 6$
$=\boldsymbol{6n-45}$

(4) $d=-5$, $a_8=9$ より　$a+(8-1)\times(-5)=9$
$a-35=9$
$a=44$
よって，求める一般項は
$\boldsymbol{a_n}=44+(n-1)\times(-5)$
$=\boldsymbol{-5n+49}$

10

初項を a，公差を d とする。

(1) 第5項が7であるから
$a_5=a+4d=7$　……①
第13項が63であるから
$a_{13}=a+12d=63$　……②
①，②より　$a=-21$, $d=7$
よって，求める一般項は　$a_n=-21+(n-1)\times 7$
すなわち　$\boldsymbol{a_n=7n-28}$

(2) 第4項が4であるから
$a_4=a+3d=4$　……①
第7項が19であるから
$a_7=a+6d=19$　……②
①，②より　$a=-11$, $d=5$
よって，求める一般項は　$a_n=-11+(n-1)\times 5$
すなわち　$\boldsymbol{a_n=5n-16}$

(3) 第3項が14であるから
$a_3=a+2d=14$　……①
第7項が2であるから
$a_7=a+6d=2$　……②
①，②より　$a=20$, $d=-3$
よって，求める一般項は　$a_n=20+(n-1)\times(-3)$
すなわち　$\boldsymbol{a_n=-3n+23}$

(4) 第2項が19であるから
$a_2=a+d=19$　……①
第10項が -5 であるから
$a_{10}=a+9d=-5$　……②
①，②より　$a=22$, $d=-3$
よって，求める一般項は　$a_n=22+(n-1)\times(-3)$
すなわち　$\boldsymbol{a_n=-3n+25}$

11

(1) この等差数列 $\{a_n\}$ の一般項は
$a_n=200+(n-1)\times(-3)=-3n+203$
よって，$-3n+203<0$ となるのは
$n>\frac{203}{3}=67.6\cdots\cdots$
n は自然数であるから　$n\geqq 68$
したがって，初めて負となる項は**第68項**である。

(2) この等差数列 $\{a_n\}$ の一般項は
$a_n=5+(n-1)\times 3=3n+2$
よって，$3n+2>1000$ となるのは
$n>\frac{998}{3}=332.6\cdots\cdots$
n は自然数であるから　$n\geqq 333$
したがって，初めて1000を超える項は**第333項**である。

12

(1) $2x=2+12$ より
$\boldsymbol{x=7}$

(2) $2x=4+(-2)$ より
$\boldsymbol{x=1}$

13

この数列 $\{a_n\}$ について
$a_{n+1}=4(n+1)+3=4n+7$
であるから　$a_{n+1}-a_n=(4n+7)-(4n+3)=4$
よって，2項間の差が一定の数4であるから，数列 $\{a_n\}$ は公差4の等差数列である。
また　$a_1=4\times 1+3=7$
したがって，**初項は7，公差は4**である。

14

(1) $S_{20}=\frac{1}{2}\times 20\times(200+10)=\boldsymbol{2100}$

(2) $S_{13}=\frac{1}{2}\times 13\times(11+83)=\boldsymbol{611}$

(3) $S_{12}=\frac{1}{2}\times 12\times\{2\times(-4)+(12-1)\times 3\}$
$=\boldsymbol{150}$

(4) $S_{20}=\frac{1}{2}\times 20\times\{2\times 48+(20-1)\times(-7)\}$
$=\boldsymbol{-370}$

15

(1) 与えられた等差数列の初項は3，公差は4である。
よって，79を第 n 項とすると
$3+(n-1)\times 4=79$
これを解くと　$n=20$
よって，求める和 S は
$S=\frac{1}{2}\times 20\times(3+79)=\boldsymbol{820}$

(2) 与えられた等差数列の初項は -8，公差は 3 である。

よって，70 を第 n 項とすると

$-8+(n-1)\times 3=70$

これを解くと　$n=27$

よって，求める和 S は

$S=\frac{1}{2}\times 27\times(-8+70)=\mathbf{837}$

(3) -78 を第 n 項とすると

$48+(n-1)\times(-7)=-78$

これを解くと　$n=19$

よって，求める和 S は

$S=\frac{1}{2}\times 19\times\{48+(-78)\}=\mathbf{-285}$

(4) $-\frac{11}{6}$ を第 n 項とすると

$\frac{3}{2}+(n-1)\times\left(-\frac{1}{3}\right)=-\frac{11}{6}$

これを解くと　$n=11$

よって，求める和 S は

$S=\frac{1}{2}\times 11\times\left\{\frac{3}{2}+\left(-\frac{11}{6}\right)\right\}=\mathbf{-\frac{11}{6}}$

16

(1) 初項 -5，公差 3 であるから

$S_n=\frac{1}{2}n\{2\times(-5)+(n-1)\times 3\}$

$=\mathbf{\frac{1}{2}n(3n-13)}$

(2) 初項 20，公差 -4 であるから

$S_n=\frac{1}{2}n\{2\times 20+(n-1)\times(-4)\}$

$=\frac{1}{2}n(-4n+44)$

$=\mathbf{-2n(n-11)}$

17

(1) $1+2+3+\cdots\cdots+60$

$=\frac{1}{2}\times 60\times(60+1)=\mathbf{1830}$

(2) $1+2+3+\cdots\cdots+200$

$=\frac{1}{2}\times 200\times(200+1)=\mathbf{20100}$

(3) n 番目の奇数は $2n-1$ と表される。

$2n-1=39$ とおくと，$n=20$ であるから

$1+3+5+\cdots\cdots+39=20^2=\mathbf{400}$

(4) n 番目の奇数は $2n-1$ と表される。

$2n-1=99$ とおくと，$n=50$ であるから

$1+3+5+\cdots\cdots+99=50^2=\mathbf{2500}$

18

(1) 初項から第 n 項までの和を 210 とすると

$\frac{1}{2}n\{2\times 3+(n-1)\times 4\}=210$

$\frac{1}{2}n(4n+2)=210$

$2n^2+n-210=0$

$(2n+21)(n-10)=0$

$n>0$ より　$n=10$

よって，**第 10 項までの和**

(2) 初項 -9，公差 2 であり，初項から第 n 項までの和を 96 とすると

$\frac{1}{2}n\{2\times(-9)+(n-1)\times 2\}=96$

$\frac{1}{2}n(2n-20)=96$

$n^2-10n-96=0$

$(n+6)(n-16)=0$

$n>0$ より　$n=16$

よって，**第 16 項までの和**

19

この等差数列 $\{a_n\}$ の一般項は

$a_n=80+(n-1)\times(-7)$

$=-7n+87$

a_n が負になるのは

$-7n+87<0$ より

$n>\frac{87}{7}=12.4\cdots\cdots$

したがって，第 13 項から負になるので，

第 12 項までの和が最大となる。

また，そのときの和 S は

$S=\frac{1}{2}\times 12\times\{2\times 80+(12-1)\times(-7)\}$

$=\mathbf{498}$

20

初項を a，公差を d とすると，

$S_6=\frac{1}{2}\times 6\times\{2a+(6-1)d\}=102$ より

$2a+5d=34$ ……①

$S_{11}=\frac{1}{2}\times 11\times\{2a+(11-1)d\}=297$ より

$a+5d=27$ ……②

①，②より　$a=7$，$d=4$

よって，求める一般項は　$a_n=7+(n-1)\times 4$

すなわち　$\mathbf{a_n=4n+3}$

21

(1) 2 桁の自然数のうち，3 で割ると 2 余

る数を小さい方から順に並べると

11, 14, 17, ……, 98

これは，初項 11，公差 3 の等差数列であるから，

一般項 a_n は　$a_n=11+(n-1)\times3=3n+8$

98 を第 n 項とすると

$3n+8=98$ より　$n=30$

よって，**30 個**

(2) 初項 11，末項 98，項数 30 の等差数列の和であるから　$S=\frac{1}{2}\times30\times(11+98)=\mathbf{1635}$

22 (1) 1 から 100 までの自然数で，2 の倍数であるのは

2, 4, 6, ……, 100

これは，初項 2，末項 100，項数 50 の等差数列であるから

その和は　$\frac{1}{2}\times50\times(2+100)=\mathbf{2550}$

(2) 1 から 100 までの自然数で，3 の倍数であるのは

3, 6, 9, ……, 99

これは，初項 3，末項 99，項数 33 の等差数列であるから

その和は　$\frac{1}{2}\times33\times(3+99)=\mathbf{1683}$

(3) 1 から 100 までの自然数で，6 の倍数であるのは

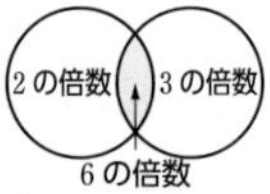

└── 2 と 3 の最小公倍数

6, 12, 18, ……, 96

これは，初項 6，末項 96，項数 16の等差数列であるから

その和は　$\frac{1}{2}\times16\times(6+96)=816$

よって，(1)，(2)より

$2550+1683-816=\mathbf{3417}$

(4) 1 から 100 までの自然数の和は

$\frac{1}{2}\times100\times(100+1)=5050$

よって　$5050-3417=\mathbf{1633}$

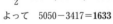

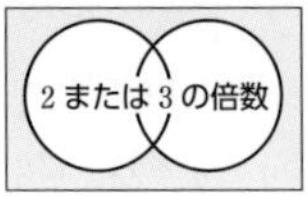

23 (1) 初項 3，公比 2

(2) 初項 2，公比 $\frac{2}{5}$

(3) 初項 2，公比 -3

(4) 初項 4，公比 $\sqrt{3}$

24 (1) $a_n=4\times3^{n-1}$

$a_5=4\times3^{5-1}$

$=4\times3^4$

$=\mathbf{324}$

(2) $a_n=4\times\left(-\frac{1}{3}\right)^{n-1}$

$a_5=4\times\left(-\frac{1}{3}\right)^{5-1}$

$=4\times\left(-\frac{1}{3}\right)^4$

$=\mathbf{\frac{4}{81}}$

(3) $a_n=-1\times(-2)^{n-1}=-(-2)^{n-1}$

$a_5=-(-2)^{5-1}$

$=-(-2)^4$

$=\mathbf{-16}$

(4) $a_n=5\times(-\sqrt{2})^{n-1}$

$a_5=5\times(-\sqrt{2})^{5-1}$

$=5\times(-\sqrt{2})^4$

$=\mathbf{20}$

25 初項を a，公比を r とする。

(1) $r=2$，$a_6=96$ より　$a\times2^{6-1}=96$

$32a=96$

$a=3$

よって　$a_n=\mathbf{3\times2^{n-1}}$

(2) $r=-3$，$a_5=-162$ より　$a\times(-3)^{5-1}=-162$

$(-3)^4a=-162$

$81a=-162$

$a=-2$

よって　$a_n=\mathbf{-2\times(-3)^{n-1}}$

(3) $a=5$，$a_4=40$ より　$5\times r^{4-1}=40$

$r^3=8$

r は実数であるから

$r=2$

よって　$a_n=\mathbf{5\times2^{n-1}}$

(4) $a=-4$，$a_5=-324$ より　$-4\times r^{5-1}=-324$

$r^4=81$

r は実数であるから

$r=\pm3$

よって，求める一般項は

$a_n=\mathbf{-4\times3^{n-1}}$　または　$a_n=\mathbf{-4\times(-3)^{n-1}}$

26 初項を a，公比を r とする。

(1) 第 3 項が 12 であるから

$a_3=ar^2=12$　……①

第 5 項が 48 であるから

$a_5=ar^4=48$　……②

②より　$ar^2\times r^2=48$
①を代入すると　$12\times r^2=48$
よって，$r^2=4$ より　$r=\pm2$
①より　$4a=12$ であるから　$a=3$
したがって，求める一般項は
　$\boldsymbol{a_n=3\times2^{n-1}}$　または　$\boldsymbol{a_n=3\times(-2)^{n-1}}$

(2)　第 4 項が -54 であるから
　$a_4=ar^3=-54$　……①
第 6 項が -486 であるから
　$a_6=ar^5=-486$　……②
②より　$ar^3\times r^2=-486$
①を代入すると　$-54\times r^2=-486$
よって，$r^2=9$ より　$r=\pm3$
①より　$r=3$ のとき
$27a=-54$ より　$a=-2$
$r=-3$ のとき
$-27a=-54$ より　$a=2$
したがって，求める一般項は
　$\boldsymbol{a_n=-2\times3^{n-1}}$　または　$\boldsymbol{a_n=2\times(-3)^{n-1}}$

(3)　第 2 項が 6 であるから
　$a_2=ar=6$　……①
第 5 項が 48 であるから
　$a_5=ar^4=48$　……②
②より　$ar\times r^3=48$
①を代入すると　$6\times r^3=48$
よって　$r^3=8$
r は実数であるから　$r=2$
①より　$2a=6$ であるから　$a=3$
よって　$\boldsymbol{a_n=3\times2^{n-1}}$

(4)　第 3 項が 4 であるから
　$a_3=ar^2=4$　……①
第 6 項が $-\dfrac{32}{27}$ であるから
　$a_6=ar^5=-\dfrac{32}{27}$　……②
②より　$ar^2\times r^3=-\dfrac{32}{27}$
①を代入すると　$4\times r^3=-\dfrac{32}{27}$
よって　$r^3=-\dfrac{8}{27}$
r は実数であるから　$r=-\dfrac{2}{3}$
①より　$\dfrac{4}{9}a=4$ であるから　$a=9$
よって　$\boldsymbol{a_n=9\times\left(-\dfrac{2}{3}\right)^{n-1}}$

27　(1)　$x^2=3\times12=36$ より
　$\boldsymbol{x=\pm6}$
(2)　$x^2=4\times25=100$ より
　$\boldsymbol{x=\pm10}$
(3)　$x^2=2\times4=8$ より
　$\boldsymbol{x=\pm\sqrt{8}=\pm2\sqrt{2}}$
(4)　$x^2=(-3)\times(-2)=6$ より
　$\boldsymbol{x=\pm\sqrt{6}}$

28　(1)　$a_n=5\times(-2)^{n-1}$
よって，第 n 項が -640 であるとき
$$5\times(-2)^{n-1}=-640$$
$$(-2)^{n-1}=-128$$
$$(-2)^{n-1}=(-2)^7$$
$$n-1=7$$
$$n=8$$
したがって，-640 は**第 8 項**である。

(2)　$a_n=\dfrac{1}{8}\times2^{n-1}$
よって，第 n 項が 64 であるとき
$$\frac{1}{8}\times2^{n-1}=64$$
$$2^{n-1}=64\times8$$
$$2^{n-1}=2^9$$
$$n-1=9$$
$$n=10$$
したがって，64 は**第 10 項**である。

29　$a_n=4\times3^{n-1}>1000$ より
$3^{n-1}>250$
$3^5=243$，$3^6=729$ より　$n-1\geqq6$
すなわち　$n\geqq7$
よって，初めて 1000 を超える項は**第 7 項**

30　初項を 3，公比を r とすると，48 はこの等比数列の第 5 項になるから
$$3\times r^{5-1}=48$$
$$r^4=16$$
r は実数であるから　$r=\pm2$
したがって，3 つの項は
　6，12，24　または　**−6，12，−24**

31　初項を a，公比を r とすると，
　$a_1+a_2=15$ より　$a+ar=15$　……①
　$a_3+a_4=240$ より　$ar^2+ar^3=240$　……②
②より　$(a+ar)r^2=240$

①を代入すると　$15r^2=240$
よって，$r^2=16$ より　$r=\pm4$
①より　$r=4$ のとき $a=3$
　　　　$r=-4$ のとき $a=-5$
したがって，求める一般項は
$\boldsymbol{a_n=3\times4^{n-1}}$　または　$\boldsymbol{a_n=-5\times(-4)^{n-1}}$

32　6，a，b の順で等差数列であるから
$2a=6+b$　　……①
a，b，16 の順で等比数列であるから
$b^2=16a$　　……②
①より　$b=2a-6$ ……③
②に代入すると
$(2a-6)^2=16a$
$a^2-10a+9=0$
$(a-1)(a-9)=0$
$a=1,\ 9$
③より
$a=1$ のとき　$b=2\times1-6=-4$
$a=9$ のとき　$b=2\times9-6=12$
よって
$\begin{cases}\boldsymbol{a=1}\\\boldsymbol{b=-4}\end{cases}$ $\begin{cases}\boldsymbol{a=9}\\\boldsymbol{b=12}\end{cases}$

33　a，b，c の順で等比数列であるから
$b^2=ac$
$abc=27$ に代入すると　$b^3=27$
b は実数であるから　$b=3$
ゆえに，与えられた条件は
$\begin{cases}a+c=10 & \cdots\cdots①\\ac=9 & \cdots\cdots②\end{cases}$
①より　$c=10-a$
②に代入して整理すると
$a^2-10a+9=0$
$(a-1)(a-9)=0$
よって　$a=1,\ 9$
$a<b<c$ であるから　　$a=1$
①より　　$c=9$
したがって　$\boldsymbol{a=1,\ b=3,\ c=9}$

34　(1)　$S_6=\dfrac{1\times(3^6-1)}{3-1}=\dfrac{729-1}{2}=\dfrac{728}{2}=\boldsymbol{364}$

(2)　$S_6=\dfrac{2\times\{1-(-2)^6\}}{1-(-2)}$
$=\dfrac{2\times(1-64)}{3}$
$=\dfrac{2\times(-63)}{3}$
$=2\times(-21)$
$=\boldsymbol{-42}$

(3)　$S_6=\dfrac{4\times\left\{\left(\frac{3}{2}\right)^6-1\right\}}{\frac{3}{2}-1}$
$=\dfrac{4\times\left(\frac{729}{64}-1\right)}{\frac{1}{2}}$
$=8\times\dfrac{665}{64}$
$=\boldsymbol{\dfrac{665}{8}}$

(4)　$S_6=\dfrac{(-1)\times\left\{1-\left(-\frac{1}{3}\right)^6\right\}}{1-\left(-\frac{1}{3}\right)}$
$=\dfrac{\frac{1}{729}-1}{\frac{4}{3}}$
$=-\dfrac{728}{729}\div\dfrac{4}{3}$
$=-\dfrac{728}{729}\times\dfrac{3}{4}$
$=\boldsymbol{-\dfrac{182}{243}}$

35　(1)　初項が 1，公比が 3 であるから
$S_n=\dfrac{1\times(3^n-1)}{3-1}=\boldsymbol{\dfrac{1}{2}(3^n-1)}$

(2)　初項が 2，公比が -2 であるから
$S_n=\dfrac{2\times\{1-(-2)^n\}}{1-(-2)}=\boldsymbol{\dfrac{2}{3}\{1-(-2)^n\}}$

(3)　初項が 81，公比が $\dfrac{54}{81}=\dfrac{2}{3}$ であるから
$S_n=\dfrac{81\times\left\{1-\left(\frac{2}{3}\right)^n\right\}}{1-\frac{2}{3}}$
$=\dfrac{81\times\left\{1-\left(\frac{2}{3}\right)^n\right\}}{\frac{1}{3}}$
$=\boldsymbol{243\left\{1-\left(\dfrac{2}{3}\right)^n\right\}}$

(4)　初項が 8，公比が $\dfrac{12}{8}=\dfrac{3}{2}$ であるから

$$S_n=\frac{8\times\left\{\left(\frac{3}{2}\right)^n-1\right\}}{\frac{3}{2}-1}$$

$$=\frac{8\times\left\{\left(\frac{3}{2}\right)^n-1\right\}}{\frac{1}{2}}$$

$$=\mathbf{16\left\{\left(\frac{3}{2}\right)^n-1\right\}}$$

36 この等比数列の一般項は　$a_n=16\times\left(\frac{1}{2}\right)^{n-1}$

よって，第 n 項が $\frac{1}{8}$ であるとき

$$16\times\left(\frac{1}{2}\right)^{n-1}=\frac{1}{8}$$

$$\left(\frac{1}{2}\right)^{n-1}=\frac{1}{8}\times\frac{1}{16}=\left(\frac{1}{2}\right)^3\times\left(\frac{1}{2}\right)^4=\left(\frac{1}{2}\right)^7$$

$n-1=7$ より　$n=8$

よって

$$S=\frac{16\times\left\{1-\left(\frac{1}{2}\right)^8\right\}}{1-\frac{1}{2}}$$

$$=\frac{16\times\left(1-\frac{1}{256}\right)}{\frac{1}{2}}$$

$$=32\times\frac{255}{256}$$

$$=\mathbf{\frac{255}{8}}$$

37 初項から第 n 項までの和を 189 とすると

$$\frac{3\times(2^n-1)}{2-1}=189$$

$$2^n-1=63$$

$$2^n=64=2^6$$

よって，$n=6$ より

第 6 項までの和

38 公比を r とすると，

$2+2r+2r^2=62$ より

$$r^2+r-30=0$$

$$(r+6)(r-5)=0$$

$$r=-6,\ 5$$

$r=-6$ のとき

$$S_n=\frac{2\times\{1-(-6)^n\}}{1-(-6)}$$

$$=\frac{2}{7}\{1-(-6)^n\}$$

$r=5$ のとき

$$S_n=\frac{2\times(5^n-1)}{5-1}$$

$$=\frac{1}{2}(5^n-1)$$

よって，求める和は

$\mathbf{S_n=\frac{2}{7}\{1-(-6)^n\}}$　または　$\mathbf{S_n=\frac{1}{2}(5^n-1)}$

39 $S_3=5$ より　$\frac{a(r^3-1)}{r-1}=5$ ……①

$S_6=45$ より　$\frac{a(r^6-1)}{r-1}=45$ ……②

②より

$$\frac{a(r^3+1)(r^3-1)}{r-1}=45$$

①を代入すると

$$5(r^3+1)=45$$

$$r^3+1=9$$

$$r^3=8$$

r は実数であるから　$r=2$

①より　$a=\frac{5}{7}$

よって　$\mathbf{a=\frac{5}{7},\ r=2}$

40 (1) 初項を a，公比を r とする。

第 2 項が 12 であるから

$a_2=ar=12$ ……①

第 5 項が 96 であるから

$a_5=ar^4=96$ ……②

②より　$ar\times r^3=96$

①を代入すると　$12\times r^3=96$

よって　$r^3=8$

r は実数であるから　$r=2$

①より　$a=6$

よって，初項から第 n 項までの和は

$$\frac{6\times(2^n-1)}{2-1}=\mathbf{6(2^n-1)}$$

(2) (1)より，初項 6，公比 2 であるから，一般項は $a_n=6\times2^{n-1}$ である。

一般項の 2 乗は

$$(6\times2^{n-1})^2=6^2\times2^{2(n-1)}$$

$$=36\times4^{n-1}$$

よって，各項を 2 乗してできる数列は，初項 36，

公比 4 の等比数列であるから，求める和は

$$\frac{36\times(4^n-1)}{4-1}=\mathbf{12(4^n-1)}$$

41　初項を a，公比を r とする。

初項から第 10 項までの和が 3 であるから

$a+ar+ar^2+\cdots\cdots+ar^9=3$　……①

第 11 項から第 20 項までの和が 15 であるから

$ar^{10}+ar^{11}+ar^{12}+\cdots\cdots+ar^{19}=15$　……②

②より

$r^{10}(a+ar+ar^2+\cdots\cdots+ar^9)=15$

①を代入すると　$r^{10}\times3=15$　より

$r^{10}=5$　……③

よって，第 21 項から第 30 項までの和は，①，③より

$ar^{20}+ar^{21}+ar^{22}+\cdots\cdots+ar^{29}$

$=r^{20}(a+ar+ar^2+\cdots\cdots+ar^9)$

$=(r^{10})^2(a+ar+ar^2+\cdots\cdots+ar^9)$

$=5^2\times3=\mathbf{75}$

42　(1)　求める和 S は，次のように表せる。

$S=(1+2+2^2+2^3+2^4)(1+3+3^2+3^3)$

よって，等比数列の和の公式から

$$S=\frac{1\times(2^5-1)}{2-1}\times\frac{1\times(3^4-1)}{3-1}$$

$=31\times40$

$=\mathbf{1240}$

(2)　求める和 S は，次のように表せる。

$S=1+2+2^2+2^3+\cdots\cdots+2^7$

よって，等比数列の和の公式から

$$S=\frac{1\times(2^8-1)}{2-1}=\mathbf{255}$$

(3)　求める和 S は，次のように表せる。

$S=(1+2+2^2+2^3+2^4+2^5)(1+3+3^2+3^3+3^4)\times(1+5)$

よって，等比数列の和の公式から

$$S=\frac{1\times(2^6-1)}{2-1}\times\frac{1\times(3^5-1)}{3-1}\times6$$

$=63\times121\times6$

$=\mathbf{45738}$

43　(1)　$1^2+2^2+3^2+\cdots\cdots+15^2$

$=\frac{1}{6}\times15\times(15+1)\times(2\times15+1)$

$=\frac{1}{6}\times15\times16\times31$

$=\mathbf{1240}$

(2)　$1^2+2^2+3^2+\cdots\cdots+23^2$

$=\frac{1}{6}\times23\times(23+1)\times(2\times23+1)$

$=\frac{1}{6}\times23\times24\times47$

$=\mathbf{4324}$

44　(1)　$\sum_{k=1}^{5}(2k+1)$

$=(2\cdot1+1)+(2\cdot2+1)+(2\cdot3+1)+(2\cdot4+1)+(2\cdot5+1)$

$=\mathbf{3+5+7+9+11}$

(2)　$\sum_{k=1}^{6}3^k=3^1+3^2+3^3+3^4+3^5+3^6$

$=\mathbf{3+9+27+81+243+729}$

(3)　$\sum_{k=1}^{n}(k+1)(k+2)$

$=(1+1)(1+2)+(2+1)(2+2)+(3+1)(3+2)+\cdots\cdots+(n+1)(n+2)$

$=\mathbf{2\cdot3+3\cdot4+4\cdot5+\cdots\cdots+(n+1)(n+2)}$

(4)　$\sum_{k=1}^{n-1}(k+2)^2$

$=(1+2)^2+(2+2)^2+(3+2)^2+\cdots\cdots+\{(n-1)+2\}^2$

$=\mathbf{3^2+4^2+5^2+\cdots\cdots+(n+1)^2}$

45　(1)　$5+8+11+14+17+20+23+26$

$=\sum_{k=1}^{8}\{5+(k-1)\times3\}$

$=\sum_{k=1}^{8}\mathbf{(3k+2)}$

(2)　$1+2+2^2+\cdots\cdots+2^{10}=\sum_{k=1}^{11}\mathbf{2^{k-1}}$

46　(1)　$\sum_{k=1}^{7}4=7\times4=\mathbf{28}$

(2)　$\sum_{k=1}^{12}k=\frac{1}{2}\times12\times(12+1)=\mathbf{78}$

(3)　$\sum_{k=1}^{6}k^2=\frac{1}{6}\times6\times(6+1)\times(2\times6+1)=\mathbf{91}$

(4)　$\sum_{k=1}^{10}k^2=\frac{1}{6}\times10\times(10+1)\times(2\times10+1)=\mathbf{385}$

47　(1)　$\sum_{k=1}^{8}3\cdot2^{k-1}=\frac{3(2^8-1)}{2-1}=\mathbf{765}$

(2)　$\sum_{k=1}^{6}4\cdot3^{k-1}=\frac{4(3^6-1)}{3-1}=\mathbf{1456}$

(3)　$\sum_{k=1}^{10}2^k=\sum_{k=1}^{10}2\cdot2^{k-1}=\frac{2(2^{10}-1)}{2-1}=\mathbf{2046}$

(4) $\sum_{k=1}^{n}\left(\frac{1}{2}\right)^{k-1}=\frac{1\times\left\{1-\left(\frac{1}{2}\right)^n\right\}}{1-\frac{1}{2}}$

$=\mathbf{2\left\{1-\left(\frac{1}{2}\right)^n\right\}}$

48 (1) $\sum_{k=1}^{n}(2k-5)$

$=2\sum_{k=1}^{n}k-\sum_{k=1}^{n}5$

$=2\times\frac{1}{2}n(n+1)-5n$

$=n(n+1-5)$

$=\boldsymbol{n(n-4)}$

(2) $\sum_{k=1}^{n}(3k+4)$

$=3\sum_{k=1}^{n}k+\sum_{k=1}^{n}4$

$=3\times\frac{1}{2}n(n+1)+4n$

$=\frac{1}{2}n\{3(n+1)+8\}$

$=\boldsymbol{\frac{1}{2}n(3n+11)}$

(3) $\sum_{k=1}^{n}(k^2-k-1)$

$=\sum_{k=1}^{n}k^2-\sum_{k=1}^{n}k-\sum_{k=1}^{n}1$

$=\frac{1}{6}n(n+1)(2n+1)-\frac{1}{2}n(n+1)-n$

$=\frac{1}{6}n\{(n+1)(2n+1)-3(n+1)-6\}$

$=\frac{1}{6}n(2n^2-8)$

$=\frac{1}{3}n(n^2-4)$

$=\boldsymbol{\frac{1}{3}n(n+2)(n-2)}$

(4) $\sum_{k=1}^{n}(2k^2-4k+3)$

$=2\sum_{k=1}^{n}k^2-4\sum_{k=1}^{n}k+\sum_{k=1}^{n}3$

$=2\times\frac{1}{6}n(n+1)(2n+1)-4\times\frac{1}{2}n(n+1)+3n$

$=\frac{1}{3}n(n+1)(2n+1)-2n(n+1)+3n$

$=\frac{1}{3}n\{(n+1)(2n+1)-6(n+1)+9\}$

$=\boldsymbol{\frac{1}{3}n(2n^2-3n+4)}$

(5) $\sum_{k=1}^{n}(3k+1)(k-1)$

$=\sum_{k=1}^{n}(3k^2-2k-1)$

$=3\sum_{k=1}^{n}k^2-2\sum_{k=1}^{n}k-\sum_{k=1}^{n}1$

$=3\times\frac{1}{6}n(n+1)(2n+1)-2\times\frac{1}{2}n(n+1)-n$

$=\frac{1}{2}n(n+1)(2n+1)-n(n+1)-n$

$=\frac{1}{2}n\{(n+1)(2n+1)-2(n+1)-2\}$

$=\frac{1}{2}n(2n^2+n-3)$

$=\boldsymbol{\frac{1}{2}n(n-1)(2n+3)}$

(6) $\sum_{k=1}^{n}(k-1)^2$

$=\sum_{k=1}^{n}(k^2-2k+1)$

$=\sum_{k=1}^{n}k^2-2\sum_{k=1}^{n}k+\sum_{k=1}^{n}1$

$=\frac{1}{6}n(n+1)(2n+1)-2\times\frac{1}{2}n(n+1)+n$

$=\frac{1}{6}n(n+1)(2n+1)-n(n+1)+n$

$=\frac{1}{6}n\{(n+1)(2n+1)-6(n+1)+6\}$

$=\frac{1}{6}n(2n^2-3n+1)$

$=\boldsymbol{\frac{1}{6}n(n-1)(2n-1)}$

49 (1) $\sum_{k=1}^{n-1}(2k+3)$

$=2\sum_{k=1}^{n-1}k+\sum_{k=1}^{n-1}3$

$=2\times\frac{1}{2}(n-1)n+3(n-1)$

$=\boldsymbol{(n-1)(n+3)}$

(2) $\sum_{k=1}^{n-1}(3k-1)$

$=3\sum_{k=1}^{n-1}k-\sum_{k=1}^{n-1}1$

$=3\times\frac{1}{2}(n-1)n-(n-1)$

$=\boldsymbol{\frac{1}{2}(n-1)(3n-2)}$

(3) $\sum_{k=1}^{n-1}(k^2+3k+1)$

$=\sum_{k=1}^{n-1}k^2+3\sum_{k=1}^{n-1}k+\sum_{k=1}^{n-1}1$

$=\frac{1}{6}(n-1)n(2n-1)+3\times\frac{1}{2}(n-1)n+(n-1)$

$=\frac{1}{6}(n-1)\{n(2n-1)+9n+6\}$

$=\frac{1}{6}(n-1)(2n^2+8n+6)$

$=\frac{1}{3}(n-1)(n^2+4n+3)$

$=\boldsymbol{\frac{1}{3}(n-1)(n+1)(n+3)}$

(4) $\sum_{k=1}^{n-1}(k+1)(k-2)$

$=\sum_{k=1}^{n-1}(k^2-k-2)$

$=\sum_{k=1}^{n-1}k^2-\sum_{k=1}^{n-1}k-\sum_{k=1}^{n-1}2$

$=\frac{1}{6}(n-1)n(2n-1)-\frac{1}{2}(n-1)n-2(n-1)$

$=\frac{1}{6}(n-1)\{n(2n-1)-3n-12\}$

$=\frac{1}{6}(n-1)(2n^2-4n-12)$

$=\boldsymbol{\frac{1}{3}(n-1)(n^2-2n-6)}$

50 (1) この数列の第 k 項は $(k+1)(k+2)$

よって，求める和 S_n は

$S_n=\sum_{k=1}^{n}(k+1)(k+2)$

$=\sum_{k=1}^{n}(k^2+3k+2)$

$=\sum_{k=1}^{n}k^2+3\sum_{k=1}^{n}k+\sum_{k=1}^{n}2$

$=\frac{1}{6}n(n+1)(2n+1)+3\times\frac{1}{2}n(n+1)+2n$

$=\frac{1}{6}n\{(n+1)(2n+1)+9(n+1)+12\}$

$=\frac{1}{6}n(2n^2+12n+22)$

$=\boldsymbol{\frac{1}{3}n(n^2+6n+11)}$

(2) この数列の第 k 項は $k(3k+2)$

よって，求める和 S_n は

$S_n=\sum_{k=1}^{n}k(3k+2)$

$=\sum_{k=1}^{n}(3k^2+2k)$

$=3\sum_{k=1}^{n}k^2+2\sum_{k=1}^{n}k$

$=3\times\frac{1}{6}n(n+1)(2n+1)+2\times\frac{1}{2}n(n+1)$

$=\frac{1}{2}n(n+1)\{(2n+1)+2\}$

$=\boldsymbol{\frac{1}{2}n(n+1)(2n+3)}$

(3) この数列の第 k 項は $(2k-1)(3k-1)$

よって，求める和 S_n は

$S_n=\sum_{k=1}^{n}(2k-1)(3k-1)$

$=\sum_{k=1}^{n}(6k^2-5k+1)$

$=6\sum_{k=1}^{n}k^2-5\sum_{k=1}^{n}k+\sum_{k=1}^{n}1$

$=6\times\frac{1}{6}n(n+1)(2n+1)-5\times\frac{1}{2}n(n+1)+n$

$=\frac{1}{2}n\{2(n+1)(2n+1)-5(n+1)+2\}$

$=\boldsymbol{\frac{1}{2}n(4n^2+n-1)}$

(4) この数列の第 k 項は $(2k+1)^2$

よって，求める和 S_n は

$S_n=\sum_{k=1}^{n}(2k+1)^2$

$=\sum_{k=1}^{n}(4k^2+4k+1)$

$=4\sum_{k=1}^{n}k^2+4\sum_{k=1}^{n}k+\sum_{k=1}^{n}1$

$=4\times\frac{1}{6}n(n+1)(2n+1)+4\times\frac{1}{2}n(n+1)+n$

$=\frac{1}{3}n\{2(n+1)(2n+1)+6(n+1)+3\}$

$=\boldsymbol{\frac{1}{3}n(4n^2+12n+11)}$

51 (1) この数列の第 k 項は

$1+3+5+\cdots\cdots+(2k-1)=k^2$

よって，求める和 S_n は

$S_n=\sum_{k=1}^{n}k^2=\boldsymbol{\frac{1}{6}n(n+1)(2n+1)}$

(2) この数列の第 k 項は

$1+3+9+\cdots\cdots+3^{k-1}=\frac{1\times(3^k-1)}{3-1}$

$=\frac{1}{2}(3^k-1)$

よって，求める和 S_n は

$S_n=\sum_{k=1}^{n}\left\{\frac{1}{2}(3^k-1)\right\}$

$=\frac{3}{2}\sum_{k=1}^{n}3^{k-1}-\sum_{k=1}^{n}\frac{1}{2}$

$=\frac{3}{2}\times\frac{1\times(3^n-1)}{3-1}-\frac{1}{2}n$

$=\frac{3^{n+1}-3}{4}-\frac{1}{2}n$

$=\boldsymbol{\frac{1}{4}(3^{n+1}-2n-3)}$

52 (1) 2, 3, 5, 8, 12, 17, …… の階差数列 $\{b_n\}$ は

1, 2, 3, 4, 5, …… となり，一般項 b_n は

$\boldsymbol{b_n=n}$

(2) 3, 5, 9, 15, 23, 33, …… の階差数列 $\{b_n\}$ は

2, 4, 6, 8, 10, …… となり，一般項 b_n は

$\boldsymbol{b_n=2n}$

(3) 4, 9, 12, 13, 12, 9, …… の階差数列 $\{b_n\}$ は

5, 3, 1, −1, −3, …… となり，一般項 b_n は

$b_n=5+(n-1)\times(-2)$

$=\boldsymbol{-2n+7}$

(4) 1, 3, 7, 15, 31, 63, …… の階差数列 $\{b_n\}$ は

2, 4, 8, 16, 32, …… となり，一般項 b_n は

$\boldsymbol{b_n=2^n}$

(5) −6, −5, −2, 7, 34, …… の階差数列 $\{b_n\}$ は

1, 3, 9, 27, …… となり，一般項 b_n は

$\boldsymbol{b_n=3^{n-1}}$

(6) 5, 6, 3, 12, −15, …… の階差数列 $\{b_n\}$ は

1, −3, 9, −27, …… となり，一般項 b_n は

$\boldsymbol{b_n=(-3)^{n-1}}$

53 (1) 数列 $\{a_n\}$ の階差数列 $\{b_n\}$ は

2, 5, 8, 11, 14, ……

となり，一般項 b_n は

$b_n=2+(n-1)\times3=3n-1$

ゆえに，$n\geqq2$ のとき

$a_n=a_1+\sum_{k=1}^{n-1}b_k=1+\sum_{k=1}^{n-1}(3k-1)$

$=1+3\sum_{k=1}^{n-1}k-\sum_{k=1}^{n-1}1$

$=1+3\times\frac{1}{2}(n-1)n-(n-1)$

$=\frac{3}{2}n^2-\frac{5}{2}n+2$

ここで，$a_n=\frac{3}{2}n^2-\frac{5}{2}n+2$ に

$n=1$ を代入すると

$a_1=\frac{3}{2}-\frac{5}{2}+2=1$

となるから，この式は $n=1$ のときも成り立つ。

よって，求める一般項は　$\boldsymbol{a_n=\frac{3}{2}n^2-\frac{5}{2}n+2}$

(2) 数列 $\{a_n\}$ の階差数列 $\{b_n\}$ は

1, 5, 9, 13, ……

となり，一般項 b_n は

$b_n=1+(n-1)\times4=4n-3$

ゆえに，$n\geqq2$ のとき

$a_n=a_1+\sum_{k=1}^{n-1}b_k=1+\sum_{k=1}^{n-1}(4k-3)$

$=1+4\sum_{k=1}^{n-1}k-\sum_{k=1}^{n-1}3$

$=1+4\times\frac{1}{2}(n-1)n-3(n-1)$

$=2n^2-5n+4$

ここで，$a_n=2n^2-5n+4$ に

$n=1$ を代入すると

$a_1=2-5+4=1$

となるから，この式は $n=1$ のときも成り立つ。

よって，求める一般項は　$\boldsymbol{a_n=2n^2-5n+4}$

(3) 数列 $\{a_n\}$ の階差数列 $\{b_n\}$ は

−2, −5, −8, −11, ……

となり，一般項 b_n は

$b_n=-2+(n-1)\times(-3)=-3n+1$

ゆえに，$n\geqq2$ のとき

$a_n=a_1+\sum_{k=1}^{n-1}b_k=10+\sum_{k=1}^{n-1}(-3k+1)$

$=10-3\sum_{k=1}^{n-1}k+\sum_{k=1}^{n-1}1$

$=10-3\times\frac{1}{2}(n-1)n+(n-1)$

$=-\frac{3}{2}n^2+\frac{5}{2}n+9$

ここで，$a_n=-\frac{3}{2}n^2+\frac{5}{2}n+9$ に

$n=1$ を代入すると

$a_1=-\frac{3}{2}+\frac{5}{2}+9=10$

となるから，この式は $n=1$ のときも成り立つ。

よって，求める一般項は

$\boldsymbol{a_n=-\frac{3}{2}n^2+\frac{5}{2}n+9}$

(4) 数列 $\{a_n\}$ の階差数列 $\{b_n\}$ は

1, 3, 9, 27, ……

となり，一般項 b_n は

$b_n=3^{n-1}$

ゆえに，$n \geqq 2$ のとき

$$a_n = a_1 + \sum_{k=1}^{n-1} b_k$$
$$= -2 + \sum_{k=1}^{n-1} 3^{k-1}$$
$$= -2 + \frac{1 \times (3^{n-1}-1)}{3-1}$$
$$= \frac{3^{n-1}-5}{2}$$

ここで，$a_n = \frac{3^{n-1}-5}{2}$ に $n=1$ を代入すると

$$a_1 = \frac{1-5}{2} = -2$$

となるから，この式は $n=1$ のときも成り立つ。

よって，求める一般項は　$\boldsymbol{a_n = \frac{3^{n-1}-5}{2}}$

(5)　数列 $\{a_n\}$ の階差数列 $\{b_n\}$ は

2，4，8，16，32，……

となり，一般項 b_n は

$$b_n = 2^n$$

ゆえに，$n \geqq 2$ のとき

$$a_n = a_1 + \sum_{k=1}^{n-1} b_k$$
$$= -1 + \sum_{k=1}^{n-1} 2^k$$
$$= -1 + \sum_{k=1}^{n-1} 2 \cdot 2^{k-1}$$
$$= -1 + \frac{2(2^{n-1}-1)}{2-1}$$
$$= 2^n - 3$$

ここで，$a_n = 2^n - 3$ に $n=1$ を代入すると

$$a_1 = 2 - 3 = -1$$

となるから，この式は $n=1$ のときも成り立つ。

よって，求める一般項は　$\boldsymbol{a_n = 2^n - 3}$

(6)　数列 $\{a_n\}$ の階差数列 $\{b_n\}$ は

1，-2，4，-8，16，……

となり，一般項 b_n は

$$b_n = (-2)^{n-1}$$

ゆえに，$n \geqq 2$ のとき

$$a_n = a_1 + \sum_{k=1}^{n-1} b_k$$
$$= 2 + \sum_{k=1}^{n-1} (-2)^{k-1}$$
$$= 2 + \frac{1 \times \{1-(-2)^{n-1}\}}{1-(-2)}$$
$$= \frac{7-(-2)^{n-1}}{3}$$

ここで，$a_n = \frac{7-(-2)^{n-1}}{3}$ に $n=1$ を代入すると

$$a_1 = \frac{7-1}{3} = 2$$

となるから，この式は $n=1$ のときも成り立つ。

よって，求める一般項は　$\boldsymbol{a_n = \frac{7-(-2)^{n-1}}{3}}$

54　(1)　初項 a_1 は　$a_1 = S_1 = 1^2 - 3 \times 1 = -2$

$n \geqq 2$ のとき

$$a_n = S_n - S_{n-1}$$
$$= (n^2 - 3n) - \{(n-1)^2 - 3(n-1)\}$$
$$= n^2 - 3n - (n^2 - 5n + 4)$$
$$= 2n - 4$$

ここで，$a_n = 2n - 4$ に $n=1$ を代入すると

$$a_1 = 2 \times 1 - 4 = -2$$

となるから，この式は $n=1$ のときも成り立つ。

よって，求める一般項は　$\boldsymbol{a_n = 2n - 4}$

(2)　初項 a_1 は　$a_1 = S_1 = 3 \times 1^2 + 4 \times 1 = 7$

$n \geqq 2$ のとき

$$a_n = S_n - S_{n-1}$$
$$= (3n^2 + 4n) - \{3(n-1)^2 + 4(n-1)\}$$
$$= 3n^2 + 4n - (3n^2 - 2n - 1)$$
$$= 6n + 1$$

ここで，$a_n = 6n + 1$ に $n=1$ を代入すると

$$a_1 = 6 \times 1 + 1 = 7$$

となるから，この式は $n=1$ のときも成り立つ。

よって，求める一般項は　$\boldsymbol{a_n = 6n + 1}$

(3)　初項 a_1 は　$a_1 = S_1 = 3^1 - 1 = 3 - 1 = 2$

$n \geqq 2$ のとき

$$a_n = S_n - S_{n-1}$$
$$= (3^n - 1) - (3^{n-1} - 1)$$
$$= 3^n - 3^{n-1}$$
$$= 3 \times 3^{n-1} - 3^{n-1}$$
$$= 2 \times 3^{n-1}$$

ここで，$a_n = 2 \times 3^{n-1}$ に $n=1$ を代入すると

$$a_1 = 2 \times 3^{1-1} = 2$$

となるから，この式は $n=1$ のときも成り立つ。

よって，求める一般項は　$\boldsymbol{a_n = 2 \times 3^{n-1}}$

55　$S_n = \frac{1}{1 \cdot 5} + \frac{1}{5 \cdot 9} + \frac{1}{9 \cdot 13}$

$$+ \cdots\cdots + \frac{1}{(4n-3)(4n+1)}$$
$$= \frac{1}{4}\left(\frac{1}{1} - \frac{1}{5}\right) + \frac{1}{4}\left(\frac{1}{5} - \frac{1}{9}\right) + \frac{1}{4}\left(\frac{1}{9} - \frac{1}{13}\right)$$
$$+ \cdots\cdots + \frac{1}{4}\left(\frac{1}{4n-3} - \frac{1}{4n+1}\right)$$

$$=\frac{1}{4}\left(\frac{1}{1}-\frac{1}{5}+\frac{1}{5}-\frac{1}{9}+\frac{1}{9}-\frac{1}{13}+\cdots\cdots+\frac{1}{4n-3}-\frac{1}{4n+1}\right)$$

$$=\frac{1}{4}\left(1-\frac{1}{4n+1}\right)$$

$$=\frac{1}{4}\times\frac{4n}{4n+1}=\boldsymbol{\frac{n}{4n+1}}$$

56 (1) $S_n=\frac{1}{1+\sqrt{2}}+\frac{1}{\sqrt{2}+\sqrt{3}}+\frac{1}{\sqrt{3}+\sqrt{4}}+\cdots\cdots+\frac{1}{\sqrt{n}+\sqrt{n+1}}$

$$=\frac{1}{\sqrt{2}+1}+\frac{1}{\sqrt{3}+\sqrt{2}}+\frac{1}{\sqrt{4}+\sqrt{3}}+\cdots\cdots+\frac{1}{\sqrt{n+1}+\sqrt{n}}$$

$$=\frac{\sqrt{2}-1}{(\sqrt{2}+1)(\sqrt{2}-1)}+\frac{\sqrt{3}-\sqrt{2}}{(\sqrt{3}+\sqrt{2})(\sqrt{3}-\sqrt{2})}+\frac{\sqrt{4}-\sqrt{3}}{(\sqrt{4}+\sqrt{3})(\sqrt{4}-\sqrt{3})}+\cdots\cdots+\frac{\sqrt{n+1}-\sqrt{n}}{(\sqrt{n+1}+\sqrt{n})(\sqrt{n+1}-\sqrt{n})}$$

$$=(\sqrt{2}-1)+(\sqrt{3}-\sqrt{2})+(\sqrt{4}-\sqrt{3})+\cdots\cdots+(\sqrt{n+1}-\sqrt{n})$$

$$=\boldsymbol{\sqrt{n+1}-1}$$

(2) $S_n=\frac{1}{\sqrt{3}+\sqrt{5}}+\frac{1}{\sqrt{5}+\sqrt{7}}+\frac{1}{\sqrt{7}+\sqrt{9}}+\cdots\cdots+\frac{1}{\sqrt{2n+1}+\sqrt{2n+3}}$

$$=\frac{1}{\sqrt{5}+\sqrt{3}}+\frac{1}{\sqrt{7}+\sqrt{5}}+\frac{1}{\sqrt{9}+\sqrt{7}}+\cdots\cdots+\frac{1}{\sqrt{2n+3}+\sqrt{2n+1}}$$

$$=\frac{\sqrt{5}-\sqrt{3}}{(\sqrt{5}+\sqrt{3})(\sqrt{5}-\sqrt{3})}+\frac{\sqrt{7}-\sqrt{5}}{(\sqrt{7}+\sqrt{5})(\sqrt{7}-\sqrt{5})}+\frac{\sqrt{9}-\sqrt{7}}{(\sqrt{9}+\sqrt{7})(\sqrt{9}-\sqrt{7})}+\cdots+\frac{\sqrt{2n+3}-\sqrt{2n+1}}{(\sqrt{2n+3}+\sqrt{2n+1})(\sqrt{2n+3}-\sqrt{2n+1})}$$

$$=\frac{\sqrt{5}-\sqrt{3}}{2}+\frac{\sqrt{7}-\sqrt{5}}{2}+\frac{\sqrt{9}-\sqrt{7}}{2}+\cdots\cdots+\frac{\sqrt{2n+3}-\sqrt{2n+1}}{2}$$

$$=\boldsymbol{\frac{\sqrt{2n+3}-\sqrt{3}}{2}}$$

57 (1) 数列 1，$\frac{1}{1+2}$，$\frac{1}{1+2+3}$，……，$\frac{1}{1+2+3+\cdots\cdots+n}$ における第 k 項は

$$\frac{1}{1+2+3+\cdots\cdots+k}=\frac{1}{\frac{k(k+1)}{2}}=\frac{2}{k(k+1)}=2\left(\frac{1}{k}-\frac{1}{k+1}\right)$$

よって

$$S_n=2\left(\frac{1}{1}-\frac{1}{2}\right)+2\left(\frac{1}{2}-\frac{1}{3}\right)+2\left(\frac{1}{3}-\frac{1}{4}\right)+\cdots\cdots+2\left(\frac{1}{n}-\frac{1}{n+1}\right)$$

$$=2\left(\frac{1}{1}-\frac{1}{2}+\frac{1}{2}-\frac{1}{3}+\frac{1}{3}-\frac{1}{4}+\cdots\cdots+\frac{1}{n}-\frac{1}{n+1}\right)$$

$$=2\left(1-\frac{1}{n+1}\right)$$

$$=\boldsymbol{\frac{2n}{n+1}}$$

(2) 数列 $\frac{1}{3^2-1}$，$\frac{1}{5^2-1}$，$\frac{1}{7^2-1}$，……，$\frac{1}{(2n+1)^2-1}$ における第 k 項は

$$\frac{1}{(2k+1)^2-1}=\frac{1}{4k^2+4k}=\frac{1}{4k(k+1)}=\frac{1}{4}\left(\frac{1}{k}-\frac{1}{k+1}\right)$$

よって

$$S_n=\frac{1}{4}\left(\frac{1}{1}-\frac{1}{2}\right)+\frac{1}{4}\left(\frac{1}{2}-\frac{1}{3}\right)+\frac{1}{4}\left(\frac{1}{3}-\frac{1}{4}\right)+\cdots\cdots+\frac{1}{4}\left(\frac{1}{n}-\frac{1}{n+1}\right)$$

$$=\frac{1}{4}\left(\frac{1}{1}-\frac{1}{2}+\frac{1}{2}-\frac{1}{3}+\frac{1}{3}-\frac{1}{4}+\cdots\cdots+\frac{1}{n}-\frac{1}{n+1}\right)$$

$$=\frac{1}{4}\left(1-\frac{1}{n+1}\right)$$

$$=\frac{1}{4}\times\frac{n}{n+1}=\boldsymbol{\frac{n}{4(n+1)}}$$

58 (1)

$S_n=2\cdot1+4\cdot3+6\cdot3^2+\cdots\cdots+2n\cdot3^{n-1}$ ……①

において，①の両辺に 3 を掛けると

$3S_n=2\cdot3+4\cdot3^2+6\cdot3^3+\cdots\cdots+2n\cdot3^n$ ……②

①−② より

$$\begin{array}{rl} S_n= & 2\cdot1+4\cdot3+6\cdot3^2+\cdots\cdots+2n\cdot3^{n-1} \\ -)\ 3S_n= & \qquad 2\cdot3+4\cdot3^2+\cdots\cdots+2(n-1)\cdot3^{n-1}+2n\cdot3^n \\ \hline -2S_n= & 2\cdot1+2\cdot3+2\cdot3^2+\cdots\cdots+2\cdot3^{n-1} \qquad -2n\cdot3^n \end{array}$$

$-2S_n=2\cdot1+2\cdot3+2\cdot3^2+\cdots\cdots+2\cdot3^{n-1}-2n\cdot3^n$

$=\dfrac{2(3^n-1)}{3-1}-2n\cdot3^n$

$=3^n-1-2n\cdot3^n$

$=(1-2n)\cdot3^n-1$

よって

$S_n=\dfrac{(1-2n)\cdot3^n-1}{-2}$

$=\boldsymbol{\dfrac{(2n-1)\cdot3^n+1}{2}}$

(2) $S_n=1+\dfrac{4}{2}+\dfrac{7}{2^2}+\cdots\cdots+\dfrac{3n-2}{2^{n-1}}$ より

$S_n=1+4\left(\dfrac{1}{2}\right)+7\left(\dfrac{1}{2}\right)^2$

$+\cdots\cdots+(3n-2)\left(\dfrac{1}{2}\right)^{n-1}$ ……①

において，①の両辺に $\dfrac{1}{2}$ を掛けると

$\dfrac{1}{2}S_n=\dfrac{1}{2}+4\left(\dfrac{1}{2}\right)^2+7\left(\dfrac{1}{2}\right)^3$

$+\cdots\cdots+(3n-2)\left(\dfrac{1}{2}\right)^n$ ……②

①−② より，$n\geqq2$ のとき

$$\begin{array}{rl} S_n= & 1+4\left(\frac{1}{2}\right)+7\left(\frac{1}{2}\right)^2+\cdots\cdots+(3n-2)\left(\frac{1}{2}\right)^{n-1} \\ -)\ \frac{1}{2}S_n= & \qquad \frac{1}{2}+4\left(\frac{1}{2}\right)^2+\cdots\cdots+(3n-5)\left(\frac{1}{2}\right)^{n-1}+(3n-2)\left(\frac{1}{2}\right)^n \\ \hline \frac{1}{2}S_n= & 1+3\left(\frac{1}{2}\right)+3\left(\frac{1}{2}\right)^2+\cdots\cdots+ \qquad 3\left(\frac{1}{2}\right)^{n-1}-(3n-2)\left(\frac{1}{2}\right)^n \end{array}$$

$\dfrac{1}{2}S_n=1+3\left(\dfrac{1}{2}\right)+3\left(\dfrac{1}{2}\right)^2+\cdots\cdots+3\left(\dfrac{1}{2}\right)^{n-1}$

$-(3n-2)\left(\dfrac{1}{2}\right)^n$

$=3+3\left(\dfrac{1}{2}\right)+3\left(\dfrac{1}{2}\right)^2+\cdots\cdots+3\left(\dfrac{1}{2}\right)^{n-1}$

$-(3n-2)\left(\dfrac{1}{2}\right)^n-2$

$=\dfrac{3\left\{1-\left(\frac{1}{2}\right)^n\right\}}{1-\frac{1}{2}}-(3n-2)\left(\dfrac{1}{2}\right)^n-2$

$=\dfrac{3-3\left(\frac{1}{2}\right)^n}{\frac{1}{2}}-(3n-2)\left(\dfrac{1}{2}\right)^n-2$

$=6-6\left(\dfrac{1}{2}\right)^n-(3n-2)\left(\dfrac{1}{2}\right)^n-2$

$=4-(3n+4)\left(\dfrac{1}{2}\right)^n$

ゆえに　$S_n=8-(3n+4)\left(\dfrac{1}{2}\right)^{n-1}$

この式は $n=1$ のときも成り立つ。

よって　$S_n=\boldsymbol{8-(3n+4)\left(\dfrac{1}{2}\right)^{n-1}}$

59 (1) $S_n=1+2x+3x^2+\cdots\cdots+nx^{n-1}$ より

$xS_n=x+2x^2+3x^3+\cdots\cdots+nx^n$ であるから

$S_n-xS_n=1+x+x^2+\cdots\cdots+x^{n-1}-nx^n$

したがって

$(1-x)S_n=\dfrac{1\times(1-x^n)}{1-x}-nx^n$

$=\dfrac{1-x^n-n(1-x)x^n}{1-x}$

よって　$S_n=\boldsymbol{\dfrac{nx^{n+1}-(n+1)x^n+1}{(1-x)^2}}$

(2) $S_n=1+3x+5x^2+\cdots\cdots+(2n-1)x^{n-1}$ より

$xS_n=x+3x^2+5x^3+\cdots\cdots+(2n-1)x^n$

であるから，$n\geqq2$ のとき

S_n-xS_n

$=1+2x+2x^2+\cdots\cdots+2x^{n-1}-(2n-1)x^n$

したがって

$(1-x)S_n=1+\dfrac{2x(1-x^{n-1})}{1-x}-(2n-1)x^n$

$=\dfrac{1-x+2x-2x^n-(2n-1)x^n+(2n-1)x^{n+1}}{1-x}$

ゆえに　$S_n=\dfrac{(2n-1)x^{n+1}-(2n+1)x^n+x+1}{(1-x)^2}$

この式は $n=1$ のときも成り立つ。

よって　$S_n=\boldsymbol{\dfrac{(2n-1)x^{n+1}-(2n+1)x^n+x+1}{(1-x)^2}}$

60 (1) $a_n=1+(n-1)\times4=4n-3$

$m\geqq2$ のとき，第 1 群から第 $(m-1)$ 群までの項の個数は

$1+2+3+\cdots\cdots+(m-1)=\dfrac{1}{2}m(m-1)$

ゆえに，第 m 群の最初の項は，もとの数列の第 $\left\{\dfrac{1}{2}m(m-1)+1\right\}$ 項である。

このことは $m=1$ のときも成り立つ。よって

$$4\times\left\{\frac{1}{2}m(m-1)+1\right\}-3=\boldsymbol{2m^2-2m+1}$$

(2) 求める和 S は，初項 $2m^2-2m+1$，公差 4，項数 m の等差数列の和である。したがって

$$S=\frac{1}{2}m\{2\times(2m^2-2m+1)+(m-1)\times4\}$$

$$=\boldsymbol{m(2m^2-1)}$$

(3) $4n-3=201$ より $n=51$ であるから，201 は数列 $\{a_n\}$ の第 51 項である。

第 51 項が第 m 群に入るとすると，第 1 群から第 m 群までの項の個数は $\frac{1}{2}m(m+1)$ より

$$\frac{1}{2}(m-1)m<51\leqq\frac{1}{2}m(m+1)$$

すなわち　$(m-1)m<102\leqq m(m+1)$

$9\times10<102\leqq10\times11$ より，この式を満たす m は $m=10$

したがって，第 51 項は第 10 群に入る。

第 1 群から第 9 群までの項の個数は

$\frac{1}{2}\times9\times10=45$ であるから，$51-45=6$ より，

201 は**第 10 群の 6 番目**の数。

61 (1) $\boldsymbol{a_2}=a_1+3=2+3=\boldsymbol{5}$

$\boldsymbol{a_3}=a_2+3=5+3=\boldsymbol{8}$

$\boldsymbol{a_4}=a_3+3=8+3=\boldsymbol{11}$

$\boldsymbol{a_5}=a_4+3=11+3=\boldsymbol{14}$

(2) $\boldsymbol{a_2}=-2a_1=-2\times3=\boldsymbol{-6}$

$\boldsymbol{a_3}=-2a_2=-2\times(-6)=\boldsymbol{12}$

$\boldsymbol{a_4}=-2a_3=-2\times12=\boldsymbol{-24}$

$\boldsymbol{a_5}=-2a_4=-2\times(-24)=\boldsymbol{48}$

(3) $\boldsymbol{a_2}=2a_1+3=2\times4+3=\boldsymbol{11}$

$\boldsymbol{a_3}=2a_2+3=2\times11+3=\boldsymbol{25}$

$\boldsymbol{a_4}=2a_3+3=2\times25+3=\boldsymbol{53}$

$\boldsymbol{a_5}=2a_4+3=2\times53+3=\boldsymbol{109}$

(4) $\boldsymbol{a_2}=1a_1+1^2=1\times1+1=\boldsymbol{2}$

$\boldsymbol{a_3}=2a_2+2^2=2\times2+4=\boldsymbol{8}$

$\boldsymbol{a_4}=3a_3+3^2=3\times8+9=\boldsymbol{33}$

$\boldsymbol{a_5}=4a_4+4^2=4\times33+16=\boldsymbol{148}$

62 (1) $a_{n+1}=a_n+6$ より，数列 $\{a_n\}$ は公差 6 の等差数列であるから

$\boldsymbol{a_n}=2+(n-1)\times6=\boldsymbol{6n-4}$

(2) $a_{n+1}=a_n-4$ より，数列 $\{a_n\}$ は公差 -4 の等差数列であるから

$\boldsymbol{a_n}=15+(n-1)\times(-4)=\boldsymbol{-4n+19}$

(3) $a_{n+1}=3a_n$ より，数列 $\{a_n\}$ は公比 3 の等比数列であるから

$\boldsymbol{a_n=5\times3^{n-1}}$

(4) $a_{n+1}=\frac{3}{2}a_n$ より，数列 $\{a_n\}$ は公比 $\frac{3}{2}$ の等比数列であるから

$$\boldsymbol{a_n=8\times\left(\frac{3}{2}\right)^{n-1}}$$

63 (1) $a_{n+1}=a_n+n+1$ より

$a_{n+1}-a_n=n+1$ であるから，

数列 $\{a_n\}$ の階差数列を $\{b_n\}$ とすると

$b_n=n+1$

ゆえに，$n\geqq2$ のとき

$$a_n=a_1+\sum_{k=1}^{n-1}(k+1)$$

$$=1+\frac{1}{2}n(n-1)+(n-1)$$

$$=\frac{1}{2}n^2+\frac{1}{2}n$$

ここで，$a_n=\frac{1}{2}n^2+\frac{1}{2}n$ に

$n=1$ を代入すると

$$a_1=\frac{1}{2}+\frac{1}{2}=1$$

となるから，この式は $n=1$ のときも成り立つ。

よって，求める一般項は

$$\boldsymbol{a_n=\frac{1}{2}n^2+\frac{1}{2}n}$$

(2) $a_{n+1}=a_n+3n+2$ より

$a_{n+1}-a_n=3n+2$ であるから，

数列 $\{a_n\}$ の階差数列を $\{b_n\}$ とすると

$b_n=3n+2$

ゆえに，$n\geqq2$ のとき

$$a_n=a_1+\sum_{k=1}^{n-1}(3k+2)$$

$$=3+\frac{3}{2}n(n-1)+2(n-1)$$

$$=\frac{3}{2}n^2+\frac{1}{2}n+1$$

ここで，$a_n=\frac{3}{2}n^2+\frac{1}{2}n+1$ に

$n=1$ を代入すると

$$a_1=\frac{3}{2}+\frac{1}{2}+1=3$$

となるから，この式は $n=1$ のときも成り立つ。

よって，求める一般項は

$\boldsymbol{a_n=\frac{3}{2}n^2+\frac{1}{2}n+1}$

(3) $a_{n+1}=a_n+n^2$ より

$a_{n+1}-a_n=n^2$ であるから,

数列 $\{a_n\}$ の階差数列を $\{b_n\}$ とすると

$b_n=n^2$

ゆえに，$n\geqq 2$ のとき

$$a_n=a_1+\sum_{k=1}^{n-1}k^2$$

$$=1+\frac{1}{6}(n-1)n(2n-1)$$

$$=1+\frac{1}{6}(2n^3-3n^2+n)$$

$$=\frac{1}{3}n^3-\frac{1}{2}n^2+\frac{1}{6}n+1$$

ここで，$a_n=\frac{1}{3}n^3-\frac{1}{2}n^2+\frac{1}{6}n+1$ に

$n=1$ を代入すると

$$a_1=\frac{1}{3}-\frac{1}{2}+\frac{1}{6}+1=1$$

となるから，この式は $n=1$ のときも成り立つ。

よって，求める一般項は

$\boldsymbol{a_n=\frac{1}{3}n^3-\frac{1}{2}n^2+\frac{1}{6}n+1}$

(4) $a_{n+1}=a_n+3n^2-n$ より

$a_{n+1}-a_n=3n^2-n$ であるから,

数列 $\{a_n\}$ の階差数列を $\{b_n\}$ とすると

$b_n=3n^2-n$

ゆえに，$n\geqq 2$ のとき

$$a_n=a_1+\sum_{k=1}^{n-1}(3k^2-k)$$

$$=2+\frac{3}{6}(n-1)n(2n-1)-\frac{1}{2}n(n-1)$$

$$=n^3-2n^2+n+2$$

ここで，$a_n=n^3-2n^2+n+2$ に

$n=1$ を代入すると

$$a_1=1-2+1+2=2$$

となるから，この式は $n=1$ のときも成り立つ。

よって，求める一般項は

$\boldsymbol{a_n=n^3-2n^2+n+2}$

64 (1) $\alpha=2\alpha-1$ とおくと　$\alpha=1$

よって　　$\boldsymbol{a_{n+1}-1=2(a_n-1)}$

(2) $\alpha=-3\alpha-8$ とおくと　$\alpha=-2$

よって　　$\boldsymbol{a_{n+1}+2=-3(a_n+2)}$

65 (1) 与えられた漸化式を変形すると

$a_{n+1}-1=4(a_n-1)$

ここで，$b_n=a_n-1$ とおくと

$b_{n+1}=4b_n$，$b_1=a_1-1=2-1=1$

よって，数列 $\{b_n\}$ は，初項 1，公比 4 の等比数列であるから

$b_n=1\cdot 4^{n-1}=4^{n-1}$

したがって，数列 $\{a_n\}$ の一般項は，$a_n=b_n+1$ より

$\boldsymbol{a_n=4^{n-1}+1}$

(2) 与えられた漸化式を変形すると

$a_{n+1}+1=3(a_n+1)$

ここで，$b_n=a_n+1$ とおくと

$b_{n+1}=3b_n$，$b_1=a_1+1=3+1=4$

よって，数列 $\{b_n\}$ は，初項 4，公比 3 の等比数列であるから

$b_n=4\cdot 3^{n-1}$

したがって，数列 $\{a_n\}$ の一般項は，$a_n=b_n-1$ より

$\boldsymbol{a_n=4\cdot 3^{n-1}-1}$

(3) 与えられた漸化式を変形すると

$a_{n+1}-1=3(a_n-1)$

ここで，$b_n=a_n-1$ とおくと

$b_{n+1}=3b_n$，$b_1=a_1-1=3-1=2$

よって，数列 $\{b_n\}$ は，初項 2，公比 3 の等比数列であるから

$b_n=2\cdot 3^{n-1}$

したがって，数列 $\{a_n\}$ の一般項は，$a_n=b_n+1$ より

$\boldsymbol{a_n=2\cdot 3^{n-1}+1}$

(4) 与えられた漸化式を変形すると

$a_{n+1}+2=5(a_n+2)$

ここで，$b_n=a_n+2$ とおくと

$b_{n+1}=5b_n$，$b_1=a_1+2=5+2=7$

よって，数列 $\{b_n\}$ は，初項 7，公比 5 の等比数列であるから

$b_n=7\cdot 5^{n-1}$

したがって，数列 $\{a_n\}$ の一般項は，$a_n=b_n-2$ より

$\boldsymbol{a_n=7\cdot 5^{n-1}-2}$

(5) 与えられた漸化式を変形すると

$$a_{n+1}-4=\frac{3}{4}(a_n-4)$$

ここで，$b_n=a_n-4$ とおくと

$b_{n+1}=\frac{3}{4}b_n$，$b_1=a_1-4=1-4=-3$

よって，数列 $\{b_n\}$ は，初項 -3，公比 $\frac{3}{4}$ の等比

数列であるから

$$b_n=-3\left(\frac{3}{4}\right)^{n-1}$$

したがって，数列 $\{a_n\}$ の一般項は，$a_n=b_n+4$ より

$$\boldsymbol{a_n=-3\left(\frac{3}{4}\right)^{n-1}+4}$$

(6) 与えられた漸化式を変形すると

$$a_{n+1}-\frac{2}{3}=-\frac{1}{2}\left(a_n-\frac{2}{3}\right)$$

ここで，$b_n=a_n-\frac{2}{3}$ とおくと

$$b_{n+1}=-\frac{1}{2}b_n,\ b_1=a_1-\frac{2}{3}=0-\frac{2}{3}=-\frac{2}{3}$$

よって，数列 $\{b_n\}$ は，初項 $-\frac{2}{3}$，公比 $-\frac{1}{2}$ の等比数列であるから

$$b_n=-\frac{2}{3}\left(-\frac{1}{2}\right)^{n-1}$$

したがって，数列 $\{a_n\}$ の一般項は，$a_n=b_n+\frac{2}{3}$ より

$$\boldsymbol{a_n=-\frac{2}{3}\left(-\frac{1}{2}\right)^{n-1}+\frac{2}{3}}$$

66 (1) $a_{n+1}=a_n+3^n$ より

$a_{n+1}-a_n=3^n$ であるから，

数列 $\{a_n\}$ の階差数列を $\{b_n\}$ とすると

$$b_n=3^n$$

ゆえに，$n\geqq 2$ のとき

$$\begin{aligned}a_n&=a_1+\sum_{k=1}^{n-1}3^k\\&=-2+\sum_{k=1}^{n-1}3\cdot 3^{k-1}\\&=-2+\frac{3(3^{n-1}-1)}{3-1}\\&=-2+\frac{3^n}{2}-\frac{3}{2}\\&=\frac{3^n-7}{2}\end{aligned}$$

ここで，$a_n=\frac{3^n-7}{2}$ に $n=1$ を代入すると

$$a_1=\frac{3-7}{2}=-2$$

となるから，この式は $n=1$ のときも成り立つ。

よって，求める一般項は

$$\boldsymbol{a_n=\frac{3^n-7}{2}}$$

(2) 数列 $\{a_n\}$ の階差数列を $\{b_n\}$ とすると

$$b_n=2^n+n$$

ゆえに，$n\geqq 2$ のとき

$$\begin{aligned}a_n&=a_1+\sum_{k=1}^{n-1}(2^k+k)\\&=0+\sum_{k=1}^{n-1}(2\cdot 2^{k-1}+k)\\&=\frac{2(2^{n-1}-1)}{2-1}+\frac{1}{2}n(n-1)\\&=2^n-2+\frac{1}{2}n(n-1)\\&=2^n+\frac{1}{2}n^2-\frac{1}{2}n-2\end{aligned}$$

ここで，$a_n=2^n+\frac{1}{2}n^2-\frac{1}{2}n-2$ に $n=1$ を代入すると

$$a_1=2+\frac{1}{2}-\frac{1}{2}-2=0$$

となるから，この式は $n=1$ のときも成り立つ。

よって，求める一般項は

$$\boldsymbol{a_n=2^n+\frac{1}{2}n^2-\frac{1}{2}n-2}$$

67 (1) $a_1=\frac{1}{3}>0$ であるから，漸化式より，

すべての自然数 n について $a_n>0$ であり，

したがって，$a_n\neq 0$ である。

漸化式の両辺の逆数をとると

$$\frac{1}{a_{n+1}}=\frac{3a_n+4}{a_n}\quad より\quad \frac{1}{a_{n+1}}=\frac{4}{a_n}+3$$

ここで，$b_n=\frac{1}{a_n}$ とおくと　$\boldsymbol{b_{n+1}=4b_n+3}$

(2) $b_{n+1}=4b_n+3$ を変形すると

$$b_{n+1}+1=4(b_n+1)$$

ここで，$c_n=b_n+1$ とおくと

$$c_{n+1}=4c_n,\ c_1=b_1+1=\frac{1}{a_1}+1=3+1=4$$

よって，数列 $\{c_n\}$ は，初項 4，公比 4 の等比数列であるから

$$c_n=4\cdot 4^{n-1}=4^n$$

したがって，数列 $\{b_n\}$ の一般項は，$b_n=c_n-1$ より　$\boldsymbol{b_n=4^n-1}$

ゆえに，数列 $\{a_n\}$ の一般項は，$a_n=\frac{1}{b_n}$ より

$$\boldsymbol{a_n=\frac{1}{4^n-1}}$$

68 $a_1=S_1$ であるから　$a_1=2a_1+1$

よって　$a_1=-1$

また，$a_{n+1}=S_{n+1}-S_n$ であるから

$a_{n+1}=(2a_{n+1}+n+1)-(2a_n+n)$

$=2a_{n+1}-2a_n+1$

よって　$a_{n+1}=2a_n-1$

これを変形すると　$a_{n+1}-1=2(a_n-1)$

ここで，$b_n=a_n-1$ とおくと

$b_{n+1}=2b_n$，$b_1=a_1-1=-1-1=-2$

よって，数列 $\{b_n\}$ は，初項 -2，公比 2 の等比数列であるから

$b_n=-2\cdot2^{n-1}=-2^n$

したがって，数列 $\{a_n\}$ の一般項は，$a_n=b_n+1$ より

$\boldsymbol{a_n=-2^n+1}$

69 (1) $\boldsymbol{b_{n+1}}=\dfrac{a_{n+1}}{3^{n+1}}$

$=\dfrac{3a_n+2^n}{3^{n+1}}$

$=\dfrac{a_n}{3^n}+\dfrac{2^n}{3^{n+1}}$

$\boldsymbol{=b_n+\dfrac{1}{3}\times\left(\dfrac{2}{3}\right)^n}$

(2) $b_{n+1}=b_n+\dfrac{1}{3}\times\left(\dfrac{2}{3}\right)^n$ より

$b_{n+1}-b_n=\dfrac{1}{3}\times\left(\dfrac{2}{3}\right)^n$

$=\dfrac{2}{9}\times\left(\dfrac{2}{3}\right)^{n-1}$

これより，数列 $\{b_n\}$ の階差数列の一般項は

$\dfrac{2}{9}\times\left(\dfrac{2}{3}\right)^{n-1}$ であるから，$b_1=\dfrac{a_1}{3}=\dfrac{1}{3}$ より

$n\geqq2$ のとき

$b_n=b_1+\displaystyle\sum_{k=1}^{n-1}\left\{\dfrac{2}{9}\times\left(\dfrac{2}{3}\right)^{k-1}\right\}$

$=\dfrac{1}{3}+\dfrac{\dfrac{2}{9}\left\{1-\left(\dfrac{2}{3}\right)^{n-1}\right\}}{1-\dfrac{2}{3}}$

$=\dfrac{1}{3}+\dfrac{2}{3}\left\{1-\left(\dfrac{2}{3}\right)^{n-1}\right\}$

$=1-\left(\dfrac{2}{3}\right)^n$

ここで，$b_n=1-\left(\dfrac{2}{3}\right)^n$ に $n=1$ を代入すると

$b_1=1-\dfrac{2}{3}=\dfrac{1}{3}$

となるから，この式は $n=1$ のときも成り立つ。

ゆえに　$\boldsymbol{b_n=1-\left(\dfrac{2}{3}\right)^n}$

$b_n=\dfrac{a_n}{3^n}$ より

$\boldsymbol{a_n}=3^n\cdot b_n=3^n\left\{1-\left(\dfrac{2}{3}\right)^n\right\}\boldsymbol{=3^n-2^n}$

70 (1) $(n+1)$ 本目の直線を引くと，それまでに引いた n 本の直線と，それぞれ 1 点で交わる。よって，交点は n 個増えるから

$\boldsymbol{a_{n+1}=a_n+n}$

(2) 直線が 1 本のとき，交点はないから $a_1=0$

ここで　$a_{n+1}-a_n=n$ より

$n\geqq2$ のとき

$a_n=a_1+\displaystyle\sum_{k=1}^{n-1}k$

$=0+\dfrac{1}{2}n(n-1)$

$=\dfrac{1}{2}n(n-1)$

$a_1=0$ より，この式は $n=1$ のときも成り立つ。

よって

$\boldsymbol{a_n=\dfrac{1}{2}n(n-1)}$

71 (1) $\boldsymbol{a_3}=a_2+2a_1=5+2\times3=\mathbf{11}$

$\boldsymbol{a_4}=a_3+2a_2=11+2\times5=\mathbf{21}$

$\boldsymbol{a_5}=a_4+2a_3=21+2\times11=\mathbf{43}$

(2) $\boldsymbol{a_3}=3a_2-2a_1=3\times2-2\times1=\mathbf{4}$

$\boldsymbol{a_4}=3a_3-2a_2=3\times4-2\times2=\mathbf{8}$

$\boldsymbol{a_5}=3a_4-2a_3=3\times8-2\times4=\mathbf{16}$

72 与えられた漸化式を変形すると

$a_{n+2}-a_{n+1}=3(a_{n+1}-a_n)$

ここで，$b_n=a_{n+1}-a_n$ とおくと

$b_{n+1}=3b_n$，$b_1=a_2-a_1=8-2=6$

よって，数列 $\{b_n\}$ は，初項 6，公比 3 の等比数列であるから

$b_n=6\cdot3^{n-1}$

数列 $\{b_n\}$ は，数列 $\{a_n\}$ の階差数列であるから，

$n\geqq2$ のとき

$a_n=a_1+\displaystyle\sum_{k=1}^{n-1}6\cdot3^{k-1}=2+\dfrac{6(3^{n-1}-1)}{3-1}$

$=2+3(3^{n-1}-1)=3^n-1$

ここで，$a_n=3^n-1$ に $n=1$ を代入すると $a_1=2$ となるから，この式は $n=1$ のときも成り立つ。

よって，求める一般項は　$\boldsymbol{a_n=3^n-1}$

73 (1) $3+5+7+\cdots\cdots+(2n+1)=n(n+2)$ ……①

とおく。

[I]　$n=1$ のとき

(左辺)$=3$，(右辺)$=1\cdot 3=3$

よって，$n=1$ のとき，①は成り立つ。

[II]　$n=k$ のとき，①が成り立つと仮定すると

$3+5+7+\cdots\cdots+(2k+1)=k(k+2)$

この式を用いると，$n=k+1$ のときの①の左辺は

$3+5+7+\cdots\cdots+(2k+1)+\{2(k+1)+1\}$

$=k(k+2)+(2k+3)$

$=k^2+4k+3$

$=(k+1)(k+3)$

$=(k+1)\{(k+1)+2\}$

よって，$n=k+1$ のときも①は成り立つ。

[I]，[II]から，すべての自然数 n について①が成り立つ。

(2)　$1+2+2^2+\cdots\cdots+2^{n-1}=2^n-1$ ……①

とおく。

[I]　$n=1$ のとき

(左辺)$=1$，(右辺)$=2^1-1=1$

よって，$n=1$ のとき，①は成り立つ。

[II]　$n=k$ のとき，①が成り立つと仮定すると

$1+2+2^2+\cdots\cdots+2^{k-1}=2^k-1$

この式を用いると，$n=k+1$ のときの①の左辺は

$1+2+2^2+\cdots\cdots+2^{k-1}+2^{(k+1)-1}$

$=(2^k-1)+2^k$

$=2\cdot 2^k-1$

$=2^{k+1}-1$

よって，$n=k+1$ のときも①は成り立つ。

[I]，[II]から，すべての自然数 n について①が成り立つ。

(3)　$1\cdot 3+2\cdot 4+3\cdot 5+\cdots\cdots+n(n+2)$

$=\frac{1}{6}n(n+1)(2n+7)$ ……①　とおく。

[I]　$n=1$ のとき

(左辺)$=1\cdot 3=3$，(右辺)$=\frac{1}{6}\cdot 1\cdot 2\cdot 9=3$

よって，$n=1$ のとき，①は成り立つ。

[II]　$n=k$ のとき，①が成り立つと仮定すると

$1\cdot 3+2\cdot 4+3\cdot 5+\cdots\cdots+k(k+2)$

$=\frac{1}{6}k(k+1)(2k+7)$

この式を用いると，$n=k+1$ のときの①の左辺は

$1\cdot 3+2\cdot 4+3\cdot 5+\cdots\cdots+k(k+2)$
$+(k+1)\{(k+1)+2\}$

$=\frac{1}{6}k(k+1)(2k+7)+(k+1)(k+3)$

$=\frac{1}{6}(k+1)\{k(2k+7)+6(k+3)\}$

$=\frac{1}{6}(k+1)(2k^2+13k+18)$

$=\frac{1}{6}(k+1)(k+2)(2k+9)$

$=\frac{1}{6}(k+1)\{(k+1)+1\}\{2(k+1)+7\}$

よって，$n=k+1$ のときも①は成り立つ。

[I]，[II]から，すべての自然数 n について①が成り立つ。

74　命題「6^n-1 は5の倍数である」を①とする。

[I]　$n=1$ のとき　$6^1-1=5$

よって，$n=1$ のとき，①は成り立つ。

[II]　$n=k$ のとき，①が成り立つと仮定すると，整数 m を用いて

$6^k-1=5m$

と表される。

この式を用いると，$n=k+1$ のとき

$6^{k+1}-1=6\cdot 6^k-1$

$=6(5m+1)-1$

$=30m+5$

$=5(6m+1)$

$6m+1$ は整数であるから，$6^{k+1}-1$ は5の倍数である。

よって，$n=k+1$ のときも①は成り立つ。

[I]，[II]から，すべての自然数 n について①が成り立つ。

75　(1)　$1^3+2^3+3^3+\cdots\cdots+n^3=\left\{\frac{1}{2}n(n+1)\right\}^2$ ……①

とおく。

[I]　$n=1$ のとき

(左辺)$=1^3=1$，(右辺)$=\left\{\frac{1}{2}\cdot 1\cdot(1+1)\right\}^2=1$

よって，$n=1$ のとき，①は成り立つ。

[II]　$n=k$ のとき，①が成り立つと仮定すると

$1^3+2^3+3^3+\cdots\cdots+k^3=\left\{\frac{1}{2}k(k+1)\right\}^2$

この式を用いると，$n=k+1$ のときの①の左辺は

$1^3+2^3+3^3+\cdots\cdots+k^3+(k+1)^3$

$=\left\{\frac{1}{2}k(k+1)\right\}^2+(k+1)^3$

$=\frac{1}{4}k^2(k+1)^2+(k+1)^3$

$=\frac{1}{4}(k+1)^2\{k^2+4(k+1)\}$

$=\frac{1}{4}(k+1)^2(k^2+4k+4)$

$=\frac{1}{4}(k+1)^2(k+2)^2$

$=\frac{1}{4}(k+1)^2\{(k+1)+1\}^2$

$=\left[\frac{1}{2}(k+1)\{(k+1)+1\}\right]^2$

よって，$n=k+1$ のときも①は成り立つ。

[I]，[II]から，すべての自然数 n について①が成り立つ。

(2) $1\cdot2\cdot3+2\cdot3\cdot4+\cdots\cdots+n(n+1)(n+2)$

$=\frac{1}{4}n(n+1)(n+2)(n+3)$ ……①

とおく。

[I] $n=1$ のとき

(左辺)$=1\cdot2\cdot3=6$

(右辺)$=\frac{1}{4}\cdot1\cdot(1+1)(1+2)(1+3)$

$=6$

よって，$n=1$ のとき，①は成り立つ。

[II] $n=k$ のとき，①が成り立つと仮定すると

$1\cdot2\cdot3+2\cdot3\cdot4+\cdots\cdots+k(k+1)(k+2)$

$=\frac{1}{4}k(k+1)(k+2)(k+3)$

この式を用いると，

$n=k+1$ のときの①の左辺は

$1\cdot2\cdot3+2\cdot3\cdot4+\cdots\cdots+k(k+1)(k+2)$
$+(k+1)(k+2)(k+3)$

$=\frac{1}{4}k(k+1)(k+2)(k+3)$
$+(k+1)(k+2)(k+3)$

$=\frac{1}{4}(k+1)(k+2)(k+3)(k+4)$

$=\frac{1}{4}(k+1)\{(k+1)+1\}\{(k+1)+2\}$
$\times\{(k+1)+3\}$

よって，$n=k+1$ のときも①は成り立つ。

[I]，[II]から，すべての自然数 n について①が成り立つ。

(3) $\frac{1}{1\cdot2}+\frac{1}{2\cdot3}+\frac{1}{3\cdot4}+\cdots\cdots+\frac{1}{n(n+1)}=\frac{n}{n+1}$
……①

とおく。

[I] $n=1$ のとき

(左辺)$=\frac{1}{1\cdot2}=\frac{1}{2}$

(右辺)$=\frac{1}{1+1}=\frac{1}{2}$

よって，$n=1$ のとき①は成り立つ。

[II] $n=k$ のとき，①が成り立つと仮定すると

$\frac{1}{1\cdot2}+\frac{1}{2\cdot3}+\frac{1}{3\cdot4}+\cdots\cdots+\frac{1}{k(k+1)}=\frac{k}{k+1}$

この式を用いると，

$n=k+1$ のときの①の左辺は

$\frac{1}{1\cdot2}+\frac{1}{2\cdot3}+\frac{1}{3\cdot4}+\cdots\cdots+\frac{1}{k(k+1)}$
$+\frac{1}{(k+1)(k+2)}$

$=\frac{k}{k+1}+\frac{1}{(k+1)(k+2)}$

$=\frac{k(k+2)+1}{(k+1)(k+2)}$

$=\frac{k^2+2k+1}{(k+1)(k+2)}$

$=\frac{(k+1)^2}{(k+1)(k+2)}$

$=\frac{k+1}{k+2}$

$=\frac{k+1}{(k+1)+1}$

よって，$n=k+1$ のときも①は成り立つ。

[I]，[II]から，すべての自然数 n について①が成り立つ。

(4) $\frac{1}{2}+\frac{2}{2^2}+\frac{3}{2^3}+\cdots\cdots+\frac{n}{2^n}=2-\frac{n+2}{2^n}$ ……①

とおく。

[I] $n=1$ のとき

(左辺)$=\frac{1}{2}$，(右辺)$=2-\frac{1+2}{2}=\frac{1}{2}$

よって，$n=1$ のとき①は成り立つ。

[II] $n=k$ のとき，①が成り立つと仮定すると

$\frac{1}{2}+\frac{2}{2^2}+\frac{3}{2^3}+\cdots\cdots+\frac{k}{2^k}=2-\frac{k+2}{2^k}$

この式を用いると，

$n=k+1$ のときの①の左辺は

$\frac{1}{2}+\frac{2}{2^2}+\frac{3}{2^3}+\cdots\cdots+\frac{k}{2^k}+\frac{k+1}{2^{k+1}}$

$=2-\frac{k+2}{2^k}+\frac{k+1}{2^{k+1}}$

$=2-\frac{2(k+2)-(k+1)}{2^{k+1}}$

$=2-\dfrac{k+3}{2^{k+1}}$

$=2-\dfrac{(k+1)+2}{2^{k+1}}$

よって，$n=k+1$ のときも①は成り立つ。

[I]，[II]から，すべての自然数 n について①が成り立つ。

76 (1) $4^n>6n-3$ ……① とおく。

[I] $n=1$ のとき

(左辺)$=4^1=4$，(右辺)$=6\cdot1-3=3$

よって，$n=1$ のとき，①は成り立つ。

[II] $n=k$ のとき，①が成り立つと仮定すると

$4^k>6k-3$

この式を用いて，$n=k+1$ のときも①が成り立つこと，すなわち

$4^{k+1}>6(k+1)-3$ ……②

が成り立つことを示せばよい。

②の両辺の差を考えると

$$\begin{aligned}(\text{左辺})-(\text{右辺})&=4^{k+1}-6(k+1)+3\\&=4\cdot4^k-6k-3\\&>4(6k-3)-6k-3\\&=18k-15\end{aligned}$$

ここで，$k\geqq1$ であるから

$18k-15>0$

よって，②が成り立つから，$n=k+1$ のときも①は成り立つ。

[I]，[II]から，すべての自然数 n について①が成り立つ。

(2) $2^n>n^2$ ……① とおく。

[I] $n=5$ のとき

(左辺)$=2^5=32$，(右辺)$=5^2=25$

よって，$n=5$ のとき，①は成り立つ。

[II] $k\geqq5$ として，$n=k$ のとき，①が成り立つと仮定すると

$2^k>k^2$

この式を用いて，$n=k+1$ のときも①が成り立つこと，すなわち

$2^{k+1}>(k+1)^2$ ……②

が成り立つことを示せばよい。

②の両辺の差を考えると

$$\begin{aligned}(\text{左辺})-(\text{右辺})&=2^{k+1}-(k+1)^2\\&=2\cdot2^k-(k+1)^2\\&>2\cdot k^2-(k^2+2k+1)\\&=k^2-2k-1\\&=(k-1)^2-2\end{aligned}$$

ここで，$k\geqq5$ であるから

$(k-1)^2-2\geqq(5-1)^2-2=14>0$

よって $(k-1)^2-2>0$ となり，②が成り立つから，$n=k+1$ のときも①は成り立つ。

[I]，[II]から，5以上のすべての自然数 n について①が成り立つ。

77 $\dfrac{1}{1^2}+\dfrac{1}{2^2}+\dfrac{1}{3^2}+\cdots\cdots+\dfrac{1}{n^2}<2-\dfrac{1}{n}$ ……①

とおく。

[I] $n=2$ のとき

(左辺)$=\dfrac{1}{1^2}+\dfrac{1}{2^2}=1+\dfrac{1}{4}=\dfrac{5}{4}$

(右辺)$=2-\dfrac{1}{2}=\dfrac{3}{2}=\dfrac{6}{4}$

$\dfrac{5}{4}<\dfrac{6}{4}$ より $n=2$ のとき，①は成り立つ。

[II] $k\geqq2$ として，$n=k$ のとき①が成り立つと仮定すると

$\dfrac{1}{1^2}+\dfrac{1}{2^2}+\dfrac{1}{3^2}+\cdots\cdots+\dfrac{1}{k^2}<2-\dfrac{1}{k}$

この式を用いて，$n=k+1$ のときも①が成り立つこと，すなわち

$$\frac{1}{1^2}+\frac{1}{2^2}+\frac{1}{3^2}+\cdots\cdots+\frac{1}{k^2}+\frac{1}{(k+1)^2}<2-\frac{1}{k+1}\quad\cdots\cdots②$$

が成り立つことを示せばよい。

②の両辺の差を考えると

(右辺)$-$(左辺)

$$\begin{aligned}&=\left(2-\frac{1}{k+1}\right)-\left\{\frac{1}{1^2}+\frac{1}{2^2}+\frac{1}{3^2}+\cdots\cdots+\frac{1}{k^2}+\frac{1}{(k+1)^2}\right\}\\&>\left(2-\frac{1}{k+1}\right)-\left\{2-\frac{1}{k}+\frac{1}{(k+1)^2}\right\}\\&=\frac{1}{k}-\frac{1}{k+1}-\frac{1}{(k+1)^2}\\&=\frac{(k+1)^2-k(k+1)-k}{k(k+1)^2}\\&=\frac{1}{k(k+1)^2}>0\end{aligned}$$

よって，②が成り立つから，

$n=k+1$ のときも①は成り立つ。

[I]，[II]から，2以上のすべての自然数 n について①が成り立つ。

78 命題「$2^{3n}-7n-1$ は49の倍数である」を①とする。

[I] $n=1$ のとき $2^3-7-1=0$

0 は 49 の倍数であるから，$n=1$ のとき，①は成り立つ。

[II]　$n=k$ のとき，①が成り立つと仮定すると，整数 m を用いて　$2^{3k}-7k-1=49m$

と表される。

この式を用いると，$n=k+1$ のとき

$$2^{3(k+1)}-7(k+1)-1$$
$$=2^3\cdot 2^{3k}-7k-8$$
$$=8(49m+7k+1)-7k-8$$
$$=49(8m+k)$$

ここで，$8m+k$ は整数であるから，

$2^{3(k+1)}-7(k+1)-1$ は 49 の倍数である。

よって，$n=k+1$ のときも①は成り立つ。

[I]，[II]から，すべての自然数 n について①が成り立つ。

79 (1) $\boldsymbol{a_2}=\dfrac{4-a_1}{3-a_1}=\dfrac{4-1}{3-1}=\boldsymbol{\dfrac{3}{2}}$,

$$\boldsymbol{a_3}=\frac{4-a_2}{3-a_2}=\frac{4-\frac{3}{2}}{3-\frac{3}{2}}=\boldsymbol{\frac{5}{3}},$$

$$\boldsymbol{a_4}=\frac{4-a_3}{3-a_3}=\frac{4-\frac{5}{3}}{3-\frac{5}{3}}=\boldsymbol{\frac{7}{4}}$$

よって，$\boldsymbol{a_n=\dfrac{2n-1}{n}}$ と推定できる。

(2) $a_n=\dfrac{2n-1}{n}$ ……①　とおく。

[I]　$n=1$ のとき，$a_1=\dfrac{2-1}{1}=1$

よって，$n=1$ のとき，①は成り立つ。

[II]　$n=k$ のとき，①が成り立つと仮定すると

$$a_k=\frac{2k-1}{k}$$

このとき

$$a_{k+1}=\frac{4-a_k}{3-a_k}=\frac{4-\frac{2k-1}{k}}{3-\frac{2k-1}{k}}$$

$$=\frac{4k-(2k-1)}{3k-(2k-1)}=\frac{2k+1}{k+1}=\frac{2(k+1)-1}{k+1}$$

よって，$n=k+1$ のときも①は成り立つ。

[I]，[II]から，すべての自然数 n について①が成り立つ。ゆえに，推定した一般項は正しい。

80 $\dfrac{{}_3C_2\times{}_4C_1}{{}_7C_3}=\boldsymbol{\dfrac{12}{35}}$

81 (1) ${}_5C_3\left(\dfrac{1}{2}\right)^3\left(1-\dfrac{1}{2}\right)^2$

$$=10\times\frac{1}{32}=\boldsymbol{\frac{5}{16}}$$

(2) ${}_5C_3\left(\dfrac{1}{2}\right)^3\left(1-\dfrac{1}{2}\right)^2+{}_5C_4\left(\dfrac{1}{2}\right)^4\left(1-\dfrac{1}{2}\right)+{}_5C_5\left(\dfrac{1}{2}\right)^5$

$$=10\times\frac{1}{32}+5\times\frac{1}{32}+1\times\frac{1}{32}$$

$$=\boldsymbol{\frac{1}{2}}$$

(3) $1-\left\{{}_5C_0\left(1-\dfrac{1}{2}\right)^5+{}_5C_1\left(\dfrac{1}{2}\right)\left(1-\dfrac{1}{2}\right)^4\right\}$

$$=1-\left(1\times\frac{1}{32}+5\times\frac{1}{32}\right)$$

$$=1-\frac{3}{16}=\boldsymbol{\frac{13}{16}}$$

82 平均値 $\overline{x}$ は

$$\overline{x}=\frac{1}{10}(4+2+4+6+10+8+0+8+6+2)$$
$$=\boldsymbol{5}$$

分散 s^2 は

$$s^2=\frac{1}{10}\{(4-5)^2+(2-5)^2+(4-5)^2+(6-5)^2+(10-5)^2+(8-5)^2+(0-5)^2+(8-5)^2+(6-5)^2+(2-5)^2\}$$
$$=\boldsymbol{9}$$

よって，標準偏差 s は　$s=\sqrt{s^2}=\sqrt{9}=\boldsymbol{3}$

83 X のとり得る値は 1，2，3，4 であり，X の確率分布は次の表のようになる。

X	1	2	3	4	計
P	$\boldsymbol{\frac{1}{10}}$	$\boldsymbol{\frac{2}{10}}$	$\boldsymbol{\frac{3}{10}}$	$\boldsymbol{\frac{4}{10}}$	1

84 X のとり得る値は 0，1，2，3，4 である。

$$P(X=0)={}_4C_0\left(\frac{1}{2}\right)^0\left(1-\frac{1}{2}\right)^4=\frac{1}{16}$$

$$P(X=1)={}_4C_1\left(\frac{1}{2}\right)^1\left(1-\frac{1}{2}\right)^3=\frac{4}{16}$$

$$P(X=2)={}_4C_2\left(\frac{1}{2}\right)^2\left(1-\frac{1}{2}\right)^2=\frac{6}{16}$$

$$P(X=3)={}_4C_3\left(\frac{1}{2}\right)^3\left(1-\frac{1}{2}\right)^1=\frac{4}{16}$$

$$P(X=4)={}_4C_4\left(\frac{1}{2}\right)^4\left(1-\frac{1}{2}\right)^0=\frac{1}{16}$$

であるから，X の確率分布は次の表のようになる。

X	0	1	2	3	4	計
P	$\frac{1}{16}$	$\frac{4}{16}$	$\frac{6}{16}$	$\frac{4}{16}$	$\frac{1}{16}$	1

85 X のとり得る値は 0，1，2 である。

$$P(X=0)=\frac{{}_2C_2}{{}_5C_2}=\frac{1}{10}$$

$$P(X=1)=\frac{{}_3C_1\times{}_2C_1}{{}_5C_2}=\frac{6}{10}$$

$$P(X=2)=\frac{{}_3C_2}{{}_5C_2}=\frac{3}{10}$$

であるから，X の確率分布は次の表のようになる。

X	0	1	2	計
P	$\frac{1}{10}$	$\frac{6}{10}$	$\frac{3}{10}$	1

よって

$$P(0\leqq X\leqq 1)=\frac{1}{10}+\frac{6}{10}=\mathbf{\frac{7}{10}}$$

86 X のとり得る値は 0，1，2，3 である。

$$P(X=0)=\frac{{}_5C_3}{{}_9C_3}=\frac{10}{84}$$

$$P(X=1)=\frac{{}_4C_1\times{}_5C_2}{{}_9C_3}=\frac{40}{84}$$

$$P(X=2)=\frac{{}_4C_2\times{}_5C_1}{{}_9C_3}=\frac{30}{84}$$

$$P(X=3)=\frac{{}_4C_3}{{}_9C_3}=\frac{4}{84}$$

であるから，X の確率分布は次の表のようになる。

X	0	1	2	3	計
P	$\frac{10}{84}$	$\frac{40}{84}$	$\frac{30}{84}$	$\frac{4}{84}$	1

よって

$$P(X\geqq 2)=\frac{30}{84}+\frac{4}{84}=\frac{34}{84}=\mathbf{\frac{17}{42}}$$

87 次の表より，出る目の差の絶対値 X のとり得る値は 0，1，2，3，4，5 である。

	1	2	3	4	5	6
1	0	1	2	3	4	5
2	1	0	1	2	3	4
3	2	1	0	1	2	3
4	3	2	1	0	1	2
5	4	3	2	1	0	1
6	5	4	3	2	1	0

ゆえに，X の確率分布は次の表のようになる。

X	0	1	2	3	4	5	計
P	$\frac{6}{36}$	$\frac{10}{36}$	$\frac{8}{36}$	$\frac{6}{36}$	$\frac{4}{36}$	$\frac{2}{36}$	1

よって

$$P(0\leqq X\leqq 2)=\frac{6}{36}+\frac{10}{36}+\frac{8}{36}=\frac{24}{36}=\mathbf{\frac{2}{3}}$$

88 X のとり得る値は 1，2，3，4，5，6 である。

$X=1$ となるのは，3 回とも 1 が出るときで

$$P(X=1)=\left(\frac{1}{6}\right)^3=\frac{1}{216}$$

$X=k$ ($k=2$，3，4，5，6) である確率は，3 回とも k 以下である確率から，3 回とも $(k-1)$ 以下である確率を引いて求められる。

よって

$$P(X=2)=\left(\frac{2}{6}\right)^3-\left(\frac{1}{6}\right)^3=\frac{7}{216}$$

$$P(X=3)=\left(\frac{3}{6}\right)^3-\left(\frac{2}{6}\right)^3=\frac{19}{216}$$

$$P(X=4)=\left(\frac{4}{6}\right)^3-\left(\frac{3}{6}\right)^3=\frac{37}{216}$$

$$P(X=5)=\left(\frac{5}{6}\right)^3-\left(\frac{4}{6}\right)^3=\frac{61}{216}$$

$$P(X=6)=\left(\frac{6}{6}\right)^3-\left(\frac{5}{6}\right)^3=\frac{91}{216}$$

であるから，X の確率分布は次の表のようになる。

X	1	2	3	4	5	6	計
P	$\frac{1}{216}$	$\frac{7}{216}$	$\frac{19}{216}$	$\frac{37}{216}$	$\frac{61}{216}$	$\frac{91}{216}$	1

よって

$$P(3\leqq X\leqq 5)=\frac{19}{216}+\frac{37}{216}+\frac{61}{216}=\frac{117}{216}=\mathbf{\frac{13}{24}}$$

89 X のとり得る値は 0，1，2，3，4，5 である。

$$P(X=0)=\frac{{}_5C_0}{2^5}=\frac{1}{32},\quad P(X=1)=\frac{{}_5C_1}{2^5}=\frac{5}{32},$$

$$P(X=2)=\frac{{}_5C_2}{2^5}=\frac{10}{32},\quad P(X=3)=\frac{{}_5C_3}{2^5}=\frac{10}{32},$$

$$P(X=4)=\frac{{}_5C_4}{2^5}=\frac{5}{32},\quad P(X=5)=\frac{{}_5C_5}{2^5}=\frac{1}{32}$$

であるから，X の確率分布は次の表のようになる。

X	0	1	2	3	4	5	計
P	$\frac{1}{32}$	$\frac{5}{32}$	$\frac{10}{32}$	$\frac{10}{32}$	$\frac{5}{32}$	$\frac{1}{32}$	1

よって，X の期待値 $E(X)$ は

$$E(X)=0\cdot\frac{1}{32}+1\cdot\frac{5}{32}+2\cdot\frac{10}{32}+3\cdot\frac{10}{32}$$

$$+4\cdot\frac{5}{32}+5\cdot\frac{1}{32}=\mathbf{\frac{5}{2}}$$

90　X のとり得る値は 0，1，2 である。

$$P(X=0)=\frac{{}_2C_2}{{}_5C_2}=\frac{1}{10}$$

$$P(X=1)=\frac{{}_3C_1\times{}_2C_1}{{}_5C_2}=\frac{6}{10}$$

$$P(X=2)=\frac{{}_3C_2}{{}_5C_2}=\frac{3}{10}$$

であるから，X の確率分布は次の表のようになる。

X	0	1	2	計
P	$\frac{1}{10}$	$\frac{6}{10}$	$\frac{3}{10}$	1

よって，X の期待値 $E(X)$ は

$$E(X)=0\cdot\frac{1}{10}+1\cdot\frac{6}{10}+2\cdot\frac{3}{10}=\mathbf{\frac{6}{5}}$$

91　得点を X（点）とすると，X のとり得る値は 25，5，0 である。

$$P(X=25)=\frac{{}_4C_2}{{}_7C_2}=\frac{6}{21}$$

$$P(X=5)=\frac{{}_4C_1\times{}_3C_1}{{}_7C_2}=\frac{12}{21}$$

$$P(X=0)=\frac{{}_3C_2}{{}_7C_2}=\frac{3}{21}$$

であるから，X の確率分布は次の表のようになる。

X	25	5	0	計
P	$\frac{6}{21}$	$\frac{12}{21}$	$\frac{3}{21}$	1

よって，X の期待値 $E(X)$ は

$$E(X)=25\cdot\frac{6}{21}+5\cdot\frac{12}{21}+0\cdot\frac{3}{21}=10$$

すなわち，得点の期待値は **10 点**である。

92　X のとり得る値は 2，3，4，5 である。
5 枚のカードから同時に 2 枚のカードを取り出す場合の数は ${}_5C_2=10$（通り）であり，
$X=k$ $(k=2,\ 3,\ 4,\ 5)$ となるのは $k-1$（通り）である。

$$P(X=2)=\frac{1}{10},\ P(X=3)=\frac{2}{10},$$

$$P(X=4)=\frac{3}{10},\ P(X=5)=\frac{4}{10}$$

であるから，X の確率分布は次の表のようになる。

X	2	3	4	5	計
P	$\frac{1}{10}$	$\frac{2}{10}$	$\frac{3}{10}$	$\frac{4}{10}$	1

よって，X の期待値 $E(X)$ は

$$E(X)=2\cdot\frac{1}{10}+3\cdot\frac{2}{10}+4\cdot\frac{3}{10}+5\cdot\frac{4}{10}=4$$

93　$E(X)=1\cdot\frac{1}{6}+2\cdot\frac{1}{6}+3\cdot\frac{1}{6}+4\cdot\frac{1}{6}$

$$+5\cdot\frac{1}{6}+6\cdot\frac{1}{6}=\frac{7}{2}$$

であるから

(1)　$E(X+4)=E(X)+4=\frac{7}{2}+4=\mathbf{\frac{15}{2}}$

(2)　$E(-X)=-E(X)=\mathbf{-\frac{7}{2}}$

(3)　$E(5X-1)=5E(X)-1=5\cdot\frac{7}{2}-1=\mathbf{\frac{33}{2}}$

(4)　$E(12-2X)=12-2E(X)=12-2\cdot\frac{7}{2}=\mathbf{5}$

94　表の出る枚数を X とすると，X のとり得る値は 0，1，2，3 である。

$$P(X=0)=\frac{{}_3C_0}{2^3}=\frac{1}{8}$$

$$P(X=1)=\frac{{}_3C_1}{2^3}=\frac{3}{8}$$

$$P(X=2)=\frac{{}_3C_2}{2^3}=\frac{3}{8}$$

$$P(X=3)=\frac{{}_3C_3}{2^3}=\frac{1}{8}$$

であるから，X の確率分布は次の表のようになる。

X	0	1	2	3	計
P	$\frac{1}{8}$	$\frac{3}{8}$	$\frac{3}{8}$	$\frac{1}{8}$	1

得点の期待値は，X^2 の期待値であるから

$$E(X^2)=0^2\cdot\frac{1}{8}+1^2\cdot\frac{3}{8}+2^2\cdot\frac{3}{8}+3^2\cdot\frac{1}{8}=3$$

すなわち，得点の期待値は **3 点**である。

95　(1)　X のとり得る値は 0，1，2，3 である。

$$P(X=0)={}_3C_0\left(\frac{1}{3}\right)^0\left(1-\frac{1}{3}\right)^3=\frac{8}{27}$$

$$P(X=1)={}_3C_1\left(\frac{1}{3}\right)^1\left(1-\frac{1}{3}\right)^2=\frac{12}{27}$$

$$P(X=2)={}_3C_2\left(\frac{1}{3}\right)^2\left(1-\frac{1}{3}\right)^1=\frac{6}{27}$$

$$P(X=3)={}_3C_3\left(\frac{1}{3}\right)^3\left(1-\frac{1}{3}\right)^0=\frac{1}{27}$$

であるから，X の確率分布は次の表のようになる。

X	0	1	2	3	計
P	$\frac{8}{27}$	$\frac{12}{27}$	$\frac{6}{27}$	$\frac{1}{27}$	1

よって

$$E(X)=0\cdot\frac{8}{27}+1\cdot\frac{12}{27}+2\cdot\frac{6}{27}+3\cdot\frac{1}{27}=\mathbf{1}$$

(2) $E(3X-2)=3E(X)-2$

$=3\cdot1-2=\mathbf{1}$

96 得点を X(点) とすると, X のとり得る値は 0, 10, 20, 30 である。

$$P(X=10k)={}_3C_k\left(\frac{2}{3}\right)^k\left(1-\frac{2}{3}\right)^{3-k}={}_3C_k\left(\frac{2}{3}\right)^k\left(\frac{1}{3}\right)^{3-k}$$

$(k=0,\ 1,\ 2,\ 3)$

であるから, X の確率分布は次の表のようになる。

X	0	10	20	30	計
P	$\frac{1}{27}$	$\frac{6}{27}$	$\frac{12}{27}$	$\frac{8}{27}$	1

よって, X の期待値 $E(X)$ は

$$E(X)=0\cdot\frac{1}{27}+10\cdot\frac{6}{27}+20\cdot\frac{12}{27}+30\cdot\frac{8}{27}=20$$

すなわち, 得点の期待値は **20 点**である。

97 表の出る枚数を X とすると, 点Pの座標 Y は

$Y=2X+3$

である。

X のとり得る値は 0, 1, 2, 3, 4 である。

$$P(X=k)=\frac{{}_4C_k}{2^4}\qquad(k=0,\ 1,\ 2,\ 3,\ 4)$$

であるから, X の確率分布は次の表のようになる。

X	0	1	2	3	4	計
P	$\frac{1}{16}$	$\frac{4}{16}$	$\frac{6}{16}$	$\frac{4}{16}$	$\frac{1}{16}$	1

よって, X の期待値 $E(X)$ は

$$E(X)=0\cdot\frac{1}{16}+1\cdot\frac{4}{16}+2\cdot\frac{6}{16}+3\cdot\frac{4}{16}+4\cdot\frac{1}{16}$$

$=2$

ゆえに, 点Pの座標 Y の期待値 $E(Y)$ は

$E(Y)=E(2X+3)$

$=2E(X)+3$

$=2\cdot2+3=\mathbf{7}$

98 X のとり得る値は 1, 2, 3, 4, 5, 6 である。

$$P(X=k)=\frac{2k-1}{36}\quad(k=1,\ 2,\ 3,\ 4,\ 5,\ 6)$$

であるから, X の確率分布は次の表のようになる。

X	1	2	3	4	5	6	計
P	$\frac{1}{36}$	$\frac{3}{36}$	$\frac{5}{36}$	$\frac{7}{36}$	$\frac{9}{36}$	$\frac{11}{36}$	1

よって, X の期待値 $E(X)$ は

$$E(X)=1\cdot\frac{1}{36}+2\cdot\frac{3}{36}+3\cdot\frac{5}{36}+4\cdot\frac{7}{36}$$

$$+5\cdot\frac{9}{36}+6\cdot\frac{11}{36}=\mathbf{\frac{161}{36}}$$

99 表の出る回数を X とすると, 箱Aに残る球の個数 Y は

$Y=8-2X+(4-X)$

$=12-3X$

X のとり得る値は 0, 1, 2, 3, 4 である。

$$P(X=k)={}_4C_k\left(\frac{1}{2}\right)^k\left(1-\frac{1}{2}\right)^{4-k}={}_4C_k\left(\frac{1}{2}\right)^4$$

$(k=0,\ 1,\ 2,\ 3,\ 4)$

であるから, X の確率分布は次の表のようになる。

X	0	1	2	3	4	計
P	$\frac{1}{16}$	$\frac{4}{16}$	$\frac{6}{16}$	$\frac{4}{16}$	$\frac{1}{16}$	1

よって, X の期待値 $E(X)$ は

$$E(X)=0\cdot\frac{1}{16}+1\cdot\frac{4}{16}+2\cdot\frac{6}{16}+3\cdot\frac{4}{16}$$

$$+4\cdot\frac{1}{16}=2$$

ゆえに, 残る球の個数 Y の期待値 $E(Y)$ は

$E(Y)=E(12-3X)$

$=12-3E(X)$

$=12-3\cdot2=6$

すなわち, 箱Aに残る球の個数の期待値は **6 個**である。

100

(1) $E(X)=-2\cdot\frac{1}{6}+(-1)\cdot\frac{2}{6}+1\cdot\frac{2}{6}+2\cdot\frac{1}{6}=\mathbf{0}$

$$V(X)=(-2-0)^2\cdot\frac{1}{6}+(-1-0)^2\cdot\frac{2}{6}$$

$$+(1-0)^2\cdot\frac{2}{6}+(2-0)^2\cdot\frac{1}{6}=\mathbf{2}$$

$\sigma(X)=\sqrt{V(X)}=\mathbf{\sqrt{2}}$

別解

$$E(X)=-2\cdot\frac{1}{6}+(-1)\cdot\frac{2}{6}+1\cdot\frac{2}{6}+2\cdot\frac{1}{6}=\mathbf{0}$$

$$E(X^2)=(-2)^2\cdot\frac{1}{6}+(-1)^2\cdot\frac{2}{6}$$

$$+1^2\cdot\frac{2}{6}+2^2\cdot\frac{1}{6}=2$$

$V(X)=E(X^2)-\{E(X)\}^2=2-0^2=\mathbf{2}$

$\sigma(X)=\sqrt{V(X)}=\sqrt{\mathbf{2}}$

(2) X のとり得る値は 0，1，2，3，4 である。

$P(X=0)=\dfrac{{}_4C_0}{2^4}=\dfrac{1}{16}$

$P(X=1)=\dfrac{{}_4C_1}{2^4}=\dfrac{4}{16}$

$P(X=2)=\dfrac{{}_4C_2}{2^4}=\dfrac{6}{16}$

$P(X=3)=\dfrac{{}_4C_3}{2^4}=\dfrac{4}{16}$

$P(X=4)=\dfrac{{}_4C_4}{2^4}=\dfrac{1}{16}$

であるから，X の確率分布は次の表のようになる。

X	0	1	2	3	4	計
P	$\frac{1}{16}$	$\frac{4}{16}$	$\frac{6}{16}$	$\frac{4}{16}$	$\frac{1}{16}$	1

よって

$$E(X)=0\cdot\frac{1}{16}+1\cdot\frac{4}{16}+2\cdot\frac{6}{16}+3\cdot\frac{4}{16}+4\cdot\frac{1}{16}=\mathbf{2}$$

$$V(X)=(0-2)^2\cdot\frac{1}{16}+(1-2)^2\cdot\frac{4}{16}+(2-2)^2\cdot\frac{6}{16}+(3-2)^2\cdot\frac{4}{16}+(4-2)^2\cdot\frac{1}{16}=\mathbf{1}$$

$\sigma(X)=\sqrt{V(X)}=\mathbf{1}$

別解

$$E(X)=0\cdot\frac{1}{16}+1\cdot\frac{4}{16}+2\cdot\frac{6}{16}+3\cdot\frac{4}{16}+4\cdot\frac{1}{16}=\mathbf{2}$$

$$E(X^2)=0^2\cdot\frac{1}{16}+1^2\cdot\frac{4}{16}+2^2\cdot\frac{6}{16}+3^2\cdot\frac{4}{16}+4^2\cdot\frac{1}{16}=5$$

$V(X)=E(X^2)-\{E(X)\}^2=5-2^2=\mathbf{1}$

$\sigma(X)=\sqrt{V(X)}=\mathbf{1}$

101 X のとり得る値は 0，1，2 である。

$P(X=0)=\dfrac{{}_4C_2}{{}_7C_2}=\dfrac{6}{21}$

$P(X=1)=\dfrac{{}_3C_1\times{}_4C_1}{{}_7C_2}=\dfrac{12}{21}$

$P(X=2)=\dfrac{{}_3C_2}{{}_7C_2}=\dfrac{3}{21}$

であるから，X の確率分布は次の表のようになる。

X	0	1	2	計
P	$\frac{6}{21}$	$\frac{12}{21}$	$\frac{3}{21}$	1

よって

$$E(X)=0\cdot\frac{6}{21}+1\cdot\frac{12}{21}+2\cdot\frac{3}{21}=\frac{6}{7}$$

$$E(X^2)=0^2\cdot\frac{6}{21}+1^2\cdot\frac{12}{21}+2^2\cdot\frac{3}{21}=\frac{8}{7}$$

したがって

$$V(X)=E(X^2)-\{E(X)\}^2=\frac{8}{7}-\left(\frac{6}{7}\right)^2=\frac{20}{49}$$

$$\sigma(X)=\sqrt{V(X)}=\sqrt{\frac{20}{49}}=\mathbf{\frac{2\sqrt{5}}{7}}$$

102 $E(X)=4$，$V(X)=2$，$\sigma(X)=\sqrt{2}$ である。

(1) $E(3X+1)=3E(X)+1=3\cdot4+1=\mathbf{13}$

$V(3X+1)=3^2V(X)=9\cdot2=\mathbf{18}$

$\sigma(3X+1)=|3|\sigma(X)=3\cdot\sqrt{2}=\mathbf{3\sqrt{2}}$

(2) $E(-X)=-E(X)=\mathbf{-4}$

$V(-X)=(-1)^2V(X)=1\cdot2=\mathbf{2}$

$\sigma(-X)=|-1|\sigma(X)=1\cdot\sqrt{2}=\mathbf{\sqrt{2}}$

(3) $E(-6X+5)=-6E(X)+5=-6\cdot4+5=\mathbf{-19}$

$V(-6X+5)=(-6)^2V(X)=36\cdot2=\mathbf{72}$

$\sigma(-6X+5)=|-6|\sigma(X)=6\cdot\sqrt{2}=\mathbf{6\sqrt{2}}$

103 Xのとり得る値は 0，1，2 である。

$P(X=0)=\dfrac{{}_2C_2}{{}_5C_2}=\dfrac{1}{10}$

$P(X=1)=\dfrac{{}_3C_1\times{}_2C_1}{{}_5C_2}=\dfrac{6}{10}$

$P(X=2)=\dfrac{{}_3C_2}{{}_5C_2}=\dfrac{3}{10}$

であるから，X の確率分布は次の表のようになる。

X	0	1	2	計
P	$\frac{1}{10}$	$\frac{6}{10}$	$\frac{3}{10}$	1

ゆえに

$$E(X)=0\cdot\frac{1}{10}+1\cdot\frac{6}{10}+2\cdot\frac{3}{10}=\frac{6}{5}$$

$$E(X^2)=0^2\cdot\frac{1}{10}+1^2\cdot\frac{6}{10}+2^2\cdot\frac{3}{10}=\frac{9}{5}$$

X の分散と標準偏差は

$$V(X)=E(X^2)-\{E(X)\}^2=\frac{9}{5}-\left(\frac{6}{5}\right)^2=\frac{9}{25}$$

$\sigma(X)=\sqrt{V(X)}$

$=\sqrt{\dfrac{9}{25}}=\dfrac{3}{5}$

よって　$Y=500X-500$ と表せるから

$E(Y)=E(500X-500)=500E(X)-500$

$=500\cdot\dfrac{6}{5}-500=100$

$\sigma(Y)=\sigma(500X-500)=|500|\sigma(X)$

$=500\cdot\dfrac{3}{5}=300$

すなわち，X の期待値は $\boldsymbol{\dfrac{6}{5}}$ **個**，標準偏差は $\boldsymbol{\dfrac{3}{5}}$ **個**，Y の期待値は **100 点**，標準偏差は **300 点**

104　X のとり得る値は 0，1，2，3 である。

$P(X=0)={}_3C_0\left(\dfrac{2}{3}\right)^0\left(1-\dfrac{2}{3}\right)^3=\dfrac{1}{27}$

$P(X=1)={}_3C_1\left(\dfrac{2}{3}\right)^1\left(1-\dfrac{2}{3}\right)^2=\dfrac{6}{27}$

$P(X=2)={}_3C_2\left(\dfrac{2}{3}\right)^2\left(1-\dfrac{2}{3}\right)^1=\dfrac{12}{27}$

$P(X=3)={}_3C_3\left(\dfrac{2}{3}\right)^3\left(1-\dfrac{2}{3}\right)^0=\dfrac{8}{27}$

であるから，X の確率分布は次の表のようになる。

X	0	1	2	3	計
P	$\frac{1}{27}$	$\frac{6}{27}$	$\frac{12}{27}$	$\frac{8}{27}$	1

よって

$E(X)=0\cdot\dfrac{1}{27}+1\cdot\dfrac{6}{27}+2\cdot\dfrac{12}{27}+3\cdot\dfrac{8}{27}=\mathbf{2}$

$E(X^2)=0^2\cdot\dfrac{1}{27}+1^2\cdot\dfrac{6}{27}+2^2\cdot\dfrac{12}{27}+3^2\cdot\dfrac{8}{27}$

$=\dfrac{14}{3}$

$V(X)=E(X^2)-\{E(X)\}^2=\dfrac{14}{3}-2^2=\dfrac{2}{3}$

$\sigma(X)=\sqrt{V(X)}=\sqrt{\dfrac{2}{3}}=\boldsymbol{\dfrac{\sqrt{6}}{3}}$

105　X のとり得る値は 0，1，2，3 である。

$P(X=0)=\dfrac{{}_3C_3}{{}_9C_3}=\dfrac{1}{84}$

$P(X=1)=\dfrac{{}_6C_1\times{}_3C_2}{{}_9C_3}=\dfrac{18}{84}$

$P(X=2)=\dfrac{{}_6C_2\times{}_3C_1}{{}_9C_3}=\dfrac{45}{84}$

$P(X=3)=\dfrac{{}_6C_3}{{}_9C_3}=\dfrac{20}{84}$

であるから，X の確率分布は次の表のようになる。

X	0	1	2	3	計
P	$\frac{1}{84}$	$\frac{18}{84}$	$\frac{45}{84}$	$\frac{20}{84}$	1

ゆえに

$E(X)=0\cdot\dfrac{1}{84}+1\cdot\dfrac{18}{84}+2\cdot\dfrac{45}{84}+3\cdot\dfrac{20}{84}=\mathbf{2}$

$E(X^2)=0^2\cdot\dfrac{1}{84}+1^2\cdot\dfrac{18}{84}+2^2\cdot\dfrac{45}{84}+3^2\cdot\dfrac{20}{84}=\dfrac{9}{2}$

$V(X)=E(X^2)-\{E(X)\}^2=\dfrac{9}{2}-2^2=\dfrac{1}{2}$

よって

$\sigma(X)=\sqrt{V(X)}=\sqrt{\dfrac{1}{2}}=\boldsymbol{\dfrac{\sqrt{2}}{2}}$

106　$E(X)=m$，$V(X)=\sigma^2$ であるから

(1)　$E(Z)=E\left(\dfrac{X-m}{\sigma}\right)=\dfrac{1}{\sigma}E(X)-\dfrac{m}{\sigma}$

$=\dfrac{1}{\sigma}\times m-\dfrac{m}{\sigma}=0$

$V(Z)=V\left(\dfrac{X-m}{\sigma}\right)=\dfrac{1}{\sigma^2}V(X)=\dfrac{1}{\sigma^2}\times\sigma^2=1$

$\sigma(Z)=\sqrt{V(Z)}=\sqrt{1}=1$

よって，Z の期待値は **0**，標準偏差は **1**

(2)　(1)より

$E(T)=E\left(10\times\dfrac{X-m}{\sigma}+50\right)$

$=10E\left(\dfrac{X-m}{\sigma}\right)+50$

$=10E(Z)+50$

$=10\cdot0+50$

$=50$

$V(T)=V\left(10\times\dfrac{X-m}{\sigma}+50\right)$

$=10^2V\left(\dfrac{X-m}{\sigma}\right)$

$=10^2V(Z)=10^2\cdot1=10^2$

$\sigma(T)=\sqrt{V(T)}=\sqrt{10^2}=10$

よって，T の期待値は **50**，標準偏差は **10**

107　$E(Y)=E(2X-5)=2E(X)-5$ より

$2E(X)-5=0$

よって　$E(X)=\boldsymbol{\dfrac{5}{2}}$

$\sigma(Y)=\sigma(2X-5)=|2|\sigma(X)$ より

$2\sigma(X)=1$

よって　$\sigma(X)=\dfrac{1}{2}$

したがって　$V(X)=\{\sigma(X)\}^2=\left(\dfrac{1}{2}\right)^2=\boldsymbol{\dfrac{1}{4}}$

108 (1) $a+\frac{2}{24}+\frac{3}{24}+b+\frac{6}{24}=1$ より

$a+b=\frac{13}{24}$ ……①

また，$P(X\leqq 3)=0.25$ すなわち

$P(X=1)+P(X=2)+P(X=3)=\frac{1}{4}$ より

$a+\frac{2}{24}+\frac{3}{24}=\frac{1}{4}$ ……②

①，②より $\boldsymbol{a=\frac{1}{24}}$，$\boldsymbol{b=\frac{1}{2}}$

(2) $P(2\leqq X\leqq 4)$

$=P(X=2)+P(X=3)+P(X=4)$

$=\frac{2}{24}+\frac{3}{24}+\frac{1}{2}=\boldsymbol{\frac{17}{24}}$

(3) $E(X)$

$=1\cdot\frac{1}{24}+2\cdot\frac{2}{24}+3\cdot\frac{3}{24}+4\cdot\frac{12}{24}+5\cdot\frac{6}{24}$

$=\boldsymbol{\frac{23}{6}}$

$E(X^2)$

$=1^2\cdot\frac{1}{24}+2^2\cdot\frac{2}{24}+3^2\cdot\frac{3}{24}+4^2\cdot\frac{12}{24}+5^2\cdot\frac{6}{24}$

$=\frac{63}{4}$

ゆえに

$V(X)=E(X^2)-\{E(X)\}^2=\frac{63}{4}-\left(\frac{23}{6}\right)^2=\boldsymbol{\frac{19}{18}}$

109 カードの入れ方は，全部で

${}_4P_4=4!=24$ (通り)

X のとり得る値は 0，1，2，4 である。

(i) $X=1$ となる場合

封筒 1 とカード 1 のみ一致するのは

(封筒)	1	2	3	4
(カード)	1	3	4	2
	1	4	2	3

の 2 通りであり，封筒 2 とカード 2，封筒 3 とカード 3，封筒 4 とカード 4 がそれぞれ一致する場合も同様であるから

$P(X=1)=\frac{2\times 4}{24}=\frac{8}{24}$

(ii) $X=2$ となる場合

たとえば，封筒 1 とカード 1，封筒 2 とカード 2 が一致し，$X=2$ となるためには，残りの入れ方は封筒 3 とカード 4，封筒 4 とカード 3，と決まる。すなわち，$X=2$ となる場合は，4 組のうちどの 2 組が一致するかの選び方に等しいから

$P(X=2)=\frac{{}_4C_2}{24}=\frac{6}{24}$

(iii) $X=4$ となる場合

すべてが一致する 1 通りであるから

$P(X=4)=\frac{1}{24}$

(iv) $X=0$ となる場合

(i)～(iii)以外の場合が $X=0$ となる場合であるから

$P(X=0)=1-\left(\frac{8}{24}+\frac{6}{24}+\frac{1}{24}\right)=\frac{9}{24}$

であるから，X の確率分布は次の表のようになる。

X	0	1	2	4	計
P	$\frac{9}{24}$	$\frac{8}{24}$	$\frac{6}{24}$	$\frac{1}{24}$	1

よって

$E(X)=0\cdot\frac{9}{24}+1\cdot\frac{8}{24}+2\cdot\frac{6}{24}+4\cdot\frac{1}{24}=\boldsymbol{1}$

$E(X^2)=0^2\cdot\frac{9}{24}+1^2\cdot\frac{8}{24}+2^2\cdot\frac{6}{24}+4^2\cdot\frac{1}{24}=2$

したがって

$V(X)=E(X^2)-\{E(X)\}^2=2-1^2=\boldsymbol{1}$

110 (1) このさいころの出る目が k 以下である確率は $\frac{k}{3}$ である。

2 個のさいころの出る目の最大値が k 以下になるのは，2 個のさいころの出る目がともに k 以下になる場合であるから，求める確率は

$\left(\frac{k}{3}\right)^2=\boldsymbol{\frac{k^2}{9}}$

(2) 2 個のさいころについて，出る目の最大値が k である確率は，最大値が k 以下である確率から最大値が $(k-1)$ 以下である確率を引けばよいから

$\left(\frac{k}{3}\right)^2-\left(\frac{k-1}{3}\right)^2=\boldsymbol{\frac{2k-1}{9}}$

(3) X のとり得る値は 1，2，3 であり，(2)より，X の確率分布は次の表のようになる。

X	1	2	3	計
P	$\frac{1}{9}$	$\frac{3}{9}$	$\frac{5}{9}$	1

よって

$E(X)=1\cdot\frac{1}{9}+2\cdot\frac{3}{9}+3\cdot\frac{5}{9}=\boldsymbol{\frac{22}{9}}$

$$E(X^2)=1^2\cdot\frac{1}{9}+2^2\cdot\frac{3}{9}+3^2\cdot\frac{5}{9}=\frac{58}{9}$$

したがって

$$V(X)=E(X^2)-\{E(X)\}^2=\frac{58}{9}-\left(\frac{22}{9}\right)^2=\frac{38}{81}$$

$$\sigma(X)=\sqrt{V(X)}=\sqrt{\frac{38}{81}}=\boldsymbol{\frac{\sqrt{38}}{9}}$$

111 (1) 4 個のさいころそれぞれの出る目の数を X_1, X_2, X_3, X_4 とする。
このとき,

$$E(X_1)=E(X_2)=E(X_3)=E(X_4)=\frac{7}{2}$$

であるから，出る目の和 $X_1+X_2+X_3+X_4$ の期待値は

$$E(X_1+X_2+X_3+X_4)$$
$$=E(X_1)+E(X_2)+E(X_3)+E(X_4)$$
$$=\frac{7}{2}+\frac{7}{2}+\frac{7}{2}+\frac{7}{2}=\mathbf{14}$$

(2) 3 個のさいころそれぞれの出る目の数を Y_1, Y_2, Y_3 とする。
このとき,

$E(Y_1)=E(Y_2)=E(Y_3)=\frac{7}{2}$ で,

Y_1, Y_2, Y_3 は互いに独立であるから

$$E(Y_1Y_2Y_3)$$
$$=E(Y_1)\cdot E(Y_2)\cdot E(Y_3)$$
$$=\frac{7}{2}\times\frac{7}{2}\times\frac{7}{2}=\boldsymbol{\frac{343}{8}}$$

112 X, Y の確率分布は次の表のようになる。

X	0	2	計
P	$\frac{1}{2}$	$\frac{1}{2}$	1

Y	0	3	計
P	$\frac{2}{3}$	$\frac{1}{3}$	1

$X=0$ かつ $Y=0$ となるのは，さいころの目が 1 と 5 のときであるから，$P(X=0,\ Y=0)=\frac{1}{3}$

$P(X=0)=\frac{1}{2}$, $P(Y=0)=\frac{2}{3}$ より

$$P(X=0,\ Y=0)=P(X=0)\cdot P(Y=0)$$

が成り立つ。
$X=0$ かつ $Y=3$ となるのは，さいころの目が 3 のときであるから，$P(X=0,\ Y=3)=\frac{1}{6}$

$P(X=0)=\frac{1}{2}$, $P(Y=3)=\frac{1}{3}$ より

$$P(X=0,\ Y=3)=P(X=0)\cdot P(Y=3)$$

が成り立つ。
$X=2$ かつ $Y=0$ となるのは，さいころの目が 2 と 4 のときであるから，$P(X=2,\ Y=0)=\frac{1}{3}$

$P(X=2)=\frac{1}{2}$, $P(Y=0)=\frac{2}{3}$ より

$$P(X=2,\ Y=0)=P(X=2)\cdot P(Y=0)$$

が成り立つ。
$X=2$ かつ $Y=3$ となるのは，さいころの目が 6 のときであるから，$P(X=2,\ Y=3)=\frac{1}{6}$

$P(X=2)=\frac{1}{2}$, $P(Y=3)=\frac{1}{3}$ より

$$P(X=2,\ Y=3)=P(X=2)\cdot P(Y=3)$$

が成り立つ。
よって，X のとり得る値 a と Y のとり得る値 b のどのような組に対しても

$$P(X=a,\ Y=b)=P(X=a)\cdot P(Y=b)$$

が成り立つから，**X, Y は互いに独立である。**

113 3 枚の硬貨それぞれの表の出る枚数を X_1, X_2, X_3 とする。
このとき,

$$E(X_1)=E(X_2)=E(X_3)=\frac{1}{2}$$

$$V(X_1)=V(X_2)=V(X_3)=\frac{1}{4}$$

であるから，$X_1+X_2+X_3$ の期待値は

$$E(X_1+X_2+X_3)=E(X_1)+E(X_2)+E(X_3)$$
$$=\frac{1}{2}+\frac{1}{2}+\frac{1}{2}=\frac{3}{2}$$

X_1, X_2, X_3 は互いに独立であるから

$$V(X_1+X_2+X_3)=V(X_1)+V(X_2)+V(X_3)$$
$$=\frac{1}{4}+\frac{1}{4}+\frac{1}{4}=\frac{3}{4}$$

したがって，期待値は $\boldsymbol{\frac{3}{2}}$ **枚**，分散は $\boldsymbol{\frac{3}{4}}$

114 赤球 3 個，白球 2 個が入っている袋 A から 3 個の球を同時に取り出したときの赤球の個数を X とすると，X のとり得る値は 1，2，3 である。

$$P(X=1)=\frac{{}_3C_1\times{}_2C_2}{{}_5C_3}=\frac{3}{10}$$

$$P(X=2)=\frac{{}_3C_2\times{}_2C_1}{{}_5C_3}=\frac{6}{10}$$

$$P(X=3)=\frac{{}_3C_3}{{}_5C_3}=\frac{1}{10}$$

であるから，X の確率分布は次の表のようになる。

X	1	2	3	計
P	$\frac{3}{10}$	$\frac{6}{10}$	$\frac{1}{10}$	1

よって，X の期待値 $E(X)$ と分散 $V(X)$ は

$$E(X)=1\cdot\frac{3}{10}+2\cdot\frac{6}{10}+3\cdot\frac{1}{10}=\frac{9}{5}$$

$$E(X^2)=1^2\cdot\frac{3}{10}+2^2\cdot\frac{6}{10}+3^2\cdot\frac{1}{10}=\frac{18}{5}$$

$$V(X)=E(X^2)-\{E(X)\}^2=\frac{18}{5}-\left(\frac{9}{5}\right)^2=\frac{9}{25}$$

また，赤球2個，白球3個が入っている袋Bから2個の球を同時に取り出したときの赤球の個数を Y とすると，Y のとり得る値は 0, 1, 2 である。

$$P(Y=0)=\frac{{}_3C_2}{{}_5C_2}=\frac{3}{10}$$

$$P(Y=1)=\frac{{}_2C_1\times{}_3C_1}{{}_5C_2}=\frac{6}{10}$$

$$P(Y=2)=\frac{{}_2C_2}{{}_5C_2}=\frac{1}{10}$$

であるから，Y の確率分布は次の表のようになる。

Y	0	1	2	計
P	$\frac{3}{10}$	$\frac{6}{10}$	$\frac{1}{10}$	1

よって，Y の期待値 $E(Y)$ と分散 $V(Y)$ は

$$E(Y)=0\cdot\frac{3}{10}+1\cdot\frac{6}{10}+2\cdot\frac{1}{10}=\frac{4}{5}$$

$$E(Y^2)=0^2\cdot\frac{3}{10}+1^2\cdot\frac{6}{10}+2^2\cdot\frac{1}{10}=1$$

$$V(Y)=E(Y^2)-\{E(Y)\}^2=1-\left(\frac{4}{5}\right)^2=\frac{9}{25}$$

袋Aから球を取り出す試行と袋Bから球を取り出す試行は互いに独立であるから，X と Y は互いに独立である。

よって，5個の中に含まれる赤球の個数の期待値 $E(X+Y)$ と分散 $V(X+Y)$ は

$$E(X+Y)=E(X)+E(Y)=\frac{9}{5}+\frac{4}{5}=\frac{13}{5}$$

$$V(X+Y)=V(X)+V(Y)=\frac{9}{25}+\frac{9}{25}=\frac{18}{25}$$

したがって，期待値は $\boldsymbol{\frac{13}{5}}$ **個**，分散は $\boldsymbol{\frac{18}{25}}$

115 1, 3, 5, 7, 9 の数字を書いた球がそれぞれ1個ずつ入っている箱Aから取り出した1個の球に書かれた数を X とすると，X の期待値 $E(X)$ は

$$E(X)=1\cdot\frac{1}{5}+3\cdot\frac{1}{5}+5\cdot\frac{1}{5}+7\cdot\frac{1}{5}+9\cdot\frac{1}{5}=5$$

また，2, 4, 6, 8 の数字を書いた球がそれぞれ1個ずつ入っている箱Bから取り出した1個の球に書かれた数を Y とすると，Y の期待値 $E(Y)$ は

$$E(Y)=2\cdot\frac{1}{4}+4\cdot\frac{1}{4}+6\cdot\frac{1}{4}+8\cdot\frac{1}{4}=5$$

箱Aから球を取り出す試行と箱Bから球を取り出す試行は互いに独立であるから，X と Y は互いに独立である。

よって，2個の球に書かれた数の積の期待値 $E(XY)$ は

$$E(XY)=E(X)\cdot E(Y)=5\times5=\mathbf{25}$$

116 (1) X，Y が互いに独立であるから

$$P(X=3,\ Y=1)=P(X=3)\cdot P(Y=1)$$

よって　$\frac{3}{10}=P(X=3)\cdot\frac{3}{4}$　より

$$P(X=3)=\boldsymbol{\frac{2}{5}}$$

(2) $P(X=1)=1-\frac{2}{5}=\boldsymbol{\frac{3}{5}}$

$$P(Y=3)=1-\frac{3}{4}=\boldsymbol{\frac{1}{4}}$$

(3) (1)，(2)より

$$P(X=1,\ Y=1)=\frac{3}{4}-\frac{3}{10}=\frac{9}{20}$$

$$P(X=1,\ Y=3)=\frac{3}{5}-\frac{9}{20}=\frac{3}{20}$$

$$P(X=3,\ Y=3)=\frac{2}{5}-\frac{3}{10}=\frac{1}{10}$$

よって，次の表のようになる。

X \ Y	1	3	計
1	$\boldsymbol{\frac{9}{20}}$	$\boldsymbol{\frac{3}{20}}$	$\boldsymbol{\frac{3}{5}}$
3	$\frac{3}{10}$	$\boldsymbol{\frac{1}{10}}$	$\boldsymbol{\frac{2}{5}}$
計	$\frac{3}{4}$	$\boldsymbol{\frac{1}{4}}$	1

(4) $E(X)=1\cdot\frac{3}{5}+3\cdot\frac{2}{5}=\frac{9}{5}$

$E(X^2)=1^2\cdot\frac{3}{5}+3^2\cdot\frac{2}{5}=\frac{21}{5}$ より

$$V(X)=E(X^2)-\{E(X)\}^2=\frac{21}{5}-\left(\frac{9}{5}\right)^2=\frac{24}{25}$$

$$E(Y)=1\cdot\frac{3}{4}+3\cdot\frac{1}{4}=\frac{3}{2}$$

$E(Y^2)=1^2\cdot\frac{3}{4}+3^2\cdot\frac{1}{4}=3$ より

$$V(Y)=E(Y^2)-\{E(Y)\}^2=3-\left(\frac{3}{2}\right)^2=\frac{3}{4}$$

よって

$$E(X+Y)=E(X)+E(Y)=\frac{9}{5}+\frac{3}{2}=\mathbf{\frac{33}{10}}$$

X, Y は互いに独立であるから

$$V(X+Y)=V(X)+V(Y)=\frac{24}{25}+\frac{3}{4}=\mathbf{\frac{171}{100}}$$

117 $\boldsymbol{n=9,\ p=\frac{1}{6}}$

118 X が二項分布 $B\left(6,\ \frac{1}{3}\right)$ に従うから

$$P(X=r)={}_6\mathrm{C}_r\left(\frac{1}{3}\right)^r\left(1-\frac{1}{3}\right)^{6-r}$$

$(r=0,\ 1,\ 2,\ \cdots\cdots,\ 6)$

(1) $P(X=1)={}_6\mathrm{C}_1\left(\frac{1}{3}\right)^1\left(1-\frac{1}{3}\right)^5=\frac{6\times2^5}{3^6}=\mathbf{\frac{64}{243}}$

(2) $P(X=3)={}_6\mathrm{C}_3\left(\frac{1}{3}\right)^3\left(1-\frac{1}{3}\right)^3=\frac{20\times2^3}{3^6}=\mathbf{\frac{160}{729}}$

119 硬貨を 1 回投げるとき，表が出る確率は $\frac{1}{2}$ であるから，X は二項分布 $B\left(10,\ \frac{1}{2}\right)$ に従う。

よって

$$P(X=r)={}_{10}\mathrm{C}_r\left(\frac{1}{2}\right)^r\left(1-\frac{1}{2}\right)^{10-r}={}_{10}\mathrm{C}_r\left(\frac{1}{2}\right)^{10}$$

$(r=0,\ 1,\ 2,\ \cdots\cdots,\ 10)$

より

(1) $P(X=8)={}_{10}\mathrm{C}_8\left(\frac{1}{2}\right)^{10}=45\times\frac{1}{2^{10}}=\mathbf{\frac{45}{1024}}$

(2) $P(3\leqq X\leqq5)$

$=P(X=3)+P(X=4)+P(X=5)$

$={}_{10}\mathrm{C}_3\left(\frac{1}{2}\right)^{10}+{}_{10}\mathrm{C}_4\left(\frac{1}{2}\right)^{10}+{}_{10}\mathrm{C}_5\left(\frac{1}{2}\right)^{10}$

$=\frac{120}{1024}+\frac{210}{1024}+\frac{252}{1024}$

$=\mathbf{\frac{291}{512}}$

120 さいころを 1 回投げて，2 以下の目の出る確率は $\frac{1}{3}$ である。

よって，X は二項分布 $B\left(300,\ \frac{1}{3}\right)$ に従うから

$$E(X)=300\times\frac{1}{3}=\mathbf{100}$$

$$V(X)=300\times\frac{1}{3}\times\left(1-\frac{1}{3}\right)=\mathbf{\frac{200}{3}}$$

$$\sigma(X)=\sqrt{\frac{200}{3}}=\mathbf{\frac{10\sqrt{6}}{3}}$$

121 この製品を 1000 個製造するとき，不良品が含まれる確率は 0.01 であるから，X は二項分布 $B(1000,\ 0.01)$ に従う。

よって，X の期待値，分散，標準偏差は

$$E(X)=1000\times0.01=\mathbf{10}$$

$$V(X)=1000\times0.01\times(1-0.01)=\mathbf{9.9}$$

$$\sigma(X)=\sqrt{9.9}=\sqrt{\frac{99}{10}}=\mathbf{\frac{3\sqrt{110}}{10}}$$

122 この菓子を 150 個買うとき，当たる確率は $\frac{1}{25}$ であるから，X は二項分布 $B\left(150,\ \frac{1}{25}\right)$ に従う。

よって，X の期待値，分散，標準偏差は

$$E(X)=150\times\frac{1}{25}=\mathbf{6}$$

$$V(X)=150\times\frac{1}{25}\times\left(1-\frac{1}{25}\right)=\mathbf{\frac{144}{25}}$$

$$\sigma(X)=\sqrt{\frac{144}{25}}=\mathbf{\frac{12}{5}}$$

123 同じ目が出る回数を X，合計点を Y とすると，同じ目が出ない回数は $15-X$ であるから

$$Y=20X-2(15-X)=22X-30$$

X は二項分布 $B\left(15,\ \frac{1}{6}\right)$ に従うから

$$E(X)=15\times\frac{1}{6}=\frac{5}{2}$$

$$\sigma(X)=\sqrt{15\times\frac{1}{6}\times\left(1-\frac{1}{6}\right)}=\frac{5\sqrt{3}}{6}$$

よって，求める期待値 $E(Y)$ と標準偏差 $\sigma(Y)$ は

$E(Y)=E(22X-30)$

$=22E(X)-30$

$=22\cdot\frac{5}{2}-30=25$

$\sigma(Y)=\sigma(22X-30)$

$=|22|\sigma(X)=22\cdot\frac{5\sqrt{3}}{6}$

$=\frac{55\sqrt{3}}{3}$

したがって，合計点の期待値は **25 点**，標準偏差は **$\frac{55\sqrt{3}}{3}$ 点**

124 X は二項分布 $B\left(n,\ \frac{a}{100}\right)$ に従うから

$$E(X)=n\times\frac{a}{100}=\frac{na}{100}$$

$$V(X)=n\times\frac{a}{100}\times\left(1-\frac{a}{100}\right)$$

$=n\times\dfrac{a}{100}\times\dfrac{100-a}{100}=\dfrac{na(100-a)}{10000}$

ここで，$E(X)=\dfrac{16}{5}$，$V(X)=\dfrac{64}{25}$ より

$\begin{cases}\dfrac{na}{100}=\dfrac{16}{5}\\ \dfrac{na(100-a)}{10000}=\dfrac{64}{25}\end{cases}$

すなわち

$\begin{cases}na=320 & \cdots\cdots① \\ na(100-a)=25600 & \cdots\cdots②\end{cases}$

①を②に代入して

$320(100-a)=25600$

これより　　$\boldsymbol{a=20}$ ……③

③を①に代入して　$\boldsymbol{n=16}$

125　1枚の硬貨を20回投げて表が出る回数を Y とすると，Y は二項分布 $B\left(20,\ \dfrac{1}{2}\right)$ に従うから

$E(Y)=20\times\dfrac{1}{2}=10$

$\sigma(Y)=\sqrt{20\times\dfrac{1}{2}\times\left(1-\dfrac{1}{2}\right)}=\sqrt{5}$

よって，$X=2Y-(20-Y)=3Y-20$ より

$E(X)=E(3Y-20)=3E(Y)-20=3\cdot10-20=\boldsymbol{10}$

$\sigma(X)=\sigma(3Y-20)=|3|\sigma(Y)=\boldsymbol{3\sqrt{5}}$

126　当たりくじを引く回数を X とすると，X は二項分布 $B\left(100,\ \dfrac{n}{20}\right)$ に従うから

$V(X)=100\times\dfrac{n}{20}\times\left(1-\dfrac{n}{20}\right)=\dfrac{n(20-n)}{4}$

よって，$\dfrac{n(20-n)}{4}\geqq24$ より

$n^2-20n+96\leqq0$

$(n-8)(n-12)\leqq0$

ゆえに　$\boldsymbol{8\leqq n\leqq12}$

127　(1)　$P(0\leqq X\leqq1)=\displaystyle\int_0^1\left(-\frac{1}{2}x+1\right)dx=\boldsymbol{\frac{3}{4}}$

(2)　$P(1\leqq X\leqq2)=\displaystyle\int_1^2\left(-\frac{1}{2}x+1\right)dx=\boldsymbol{\frac{1}{4}}$

注意　(2)は，$P(1\leqq X\leqq2)=1-P(0\leqq X\leqq1)$ としてもよい。

128　正規分布表から

(1)　$P(0\leqq Z\leqq1.45)=\boldsymbol{0.4265}$

(2)　$P(-1\leqq Z\leqq2)$

$=P(-1\leqq Z\leqq0)+P(0\leqq Z\leqq2)$

$=P(0\leqq Z\leqq1)+P(0\leqq Z\leqq2)$

$=0.3413+0.4772=\boldsymbol{0.8185}$

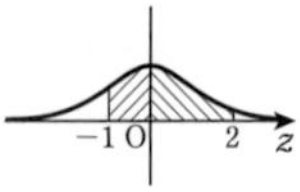

(3)　$P(Z\geqq1.5)=P(Z\geqq0)-P(0\leqq Z\leqq1.5)$

$=0.5-0.4332$

$=\boldsymbol{0.0668}$

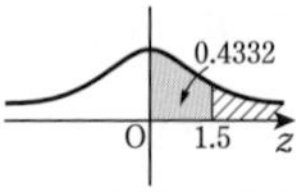

129　$Z=\dfrac{X-50}{10}$ とおくと，Z は標準正規分布 $N(0,\ 1)$ に従う。

(1)　$X=45$ のとき　$Z=\dfrac{45-50}{10}=-0.5$

$X=55$ のとき　$Z=\dfrac{55-50}{10}=0.5$ であるから

$P(45\leqq X\leqq55)=P(-0.5\leqq Z\leqq0.5)$

$=2P(0\leqq Z\leqq0.5)$

$=2\times0.1915$

$=\boldsymbol{0.3830}$

(2)　$X=55$ のとき　$Z=\dfrac{55-50}{10}=0.5$ であるから

$P(X\leqq55)=P(Z\leqq0.5)$

$=P(Z\leqq0)+P(0\leqq Z\leqq0.5)$

$=0.5+0.1915$

$=\boldsymbol{0.6915}$

(3)　$X=65$ のとき　$Z=\dfrac{65-50}{10}=1.5$ であるから

$P(X\geqq65)=P(Z\geqq1.5)$

$=P(Z\geqq0)-P(0\leqq Z\leqq1.5)$

$=0.5-0.4332$

$=\boldsymbol{0.0668}$

130　(1)　$Z=\dfrac{X-60}{10}$ とおくと，Z は標準正規分布 $N(0,\ 1)$ に従う。

$X=70$ のとき　$Z=\dfrac{70-60}{10}=1$ であるから

$P(X\geqq70)=P(Z\geqq1)$

$=P(Z\geqq0)-P(0\leqq Z\leqq1)$

$=0.5-0.3413$

$=\boldsymbol{0.1587}$

(2)　$Z=\dfrac{X-55}{20}$ とおくと，Z は標準正規分布 $N(0,\ 1)$ に従う。

$X=70$ のとき　$Z=\dfrac{70-55}{20}=0.75$ であるから

$P(X \geqq 70)=P(Z \geqq 0.75)$
$=P(Z \geqq 0)-P(0 \leqq Z \leqq 0.75)$
$=0.5-0.2734$
$=\mathbf{0.2266}$

131　1の目が出る回数をXとすると，Xは二項分布$B\left(720,\ \frac{1}{6}\right)$に従う。$X$の期待値$m$と標準偏差$\sigma$は

$m=720\times\frac{1}{6}=120$

$\sigma=\sqrt{720\times\frac{1}{6}\times\left(1-\frac{1}{6}\right)}=\sqrt{100}=10$

よって，$Z=\frac{X-120}{10}$ とおくと，Zは近似的に標準正規分布$N(0,\ 1)$に従う。

$X=150$ のとき　$Z=\frac{150-120}{10}=3$

したがって

$P(X \geqq 150)=P(Z \geqq 3)$
$=P(Z \geqq 0)-P(0 \leqq Z \leqq 3)$
$=0.5-0.4987$
$=\mathbf{0.0013}$

132　表が出る回数をXとすると，Xは二項分布$B\left(1600,\ \frac{1}{2}\right)$に従う。$X$の期待値$m$と標準偏差$\sigma$は

$m=1600\times\frac{1}{2}=800$

$\sigma=\sqrt{1600\times\frac{1}{2}\times\left(1-\frac{1}{2}\right)}=\sqrt{400}=20$

よって，$Z=\frac{X-800}{20}$ とおくと，Zは近似的に標準正規分布$N(0,\ 1)$に従う。

$X=780$ のとき　$Z=\frac{780-800}{20}=-1$

$X=840$ のとき　$Z=\frac{840-800}{20}=2$

したがって

$P(780 \leqq X \leqq 840)=P(-1 \leqq Z \leqq 2)$
$=P(0 \leqq Z \leqq 1)+P(0 \leqq Z \leqq 2)$
$=0.3413+0.4772$
$=\mathbf{0.8185}$

133　体長をXcmとすると，Xは正規分布$N(50,\ 2^2)$に従う。

$Z=\frac{X-50}{2}$ とおくと，Zは標準正規分布$N(0,\ 1)$に従う。

$X=47$ のとき　$Z=\frac{47-50}{2}=-1.5$

$X=55$ のとき　$Z=\frac{55-50}{2}=2.5$

であるから

$P(47 \leqq X \leqq 55)$
$=P(-1.5 \leqq Z \leqq 2.5)$
$=P(0 \leqq Z \leqq 1.5)+P(0 \leqq Z \leqq 2.5)$
$=0.4332+0.4938$
$=0.9270$

よって，体長47cm以上55cm以下のものは**およそ93％**いる。

134　1缶の重さをXgとすると，Xは正規分布$N(203,\ 1^2)$に従う。

$Z=\frac{X-203}{1}$ すなわち $Z=X-203$ とおくと，Zは標準正規分布$N(0,\ 1)$に従う。

$X=200$ のとき　$Z=200-203=-3$ であるから

$P(X \leqq 200)=P(Z \leqq -3)$
$=P(Z \geqq 3)$
$=P(Z \geqq 0)-P(0 \leqq Z \leqq 3)$
$=0.5-0.4987$
$=\mathbf{0.0013}$

135　硬貨3枚を同時に投げるとき，1枚だけ表が出る確率は $\frac{3}{8}$ である。

よって，Xは二項分布$B\left(960,\ \frac{3}{8}\right)$に従うから

(1)　$E(X)=960\times\frac{3}{8}=\mathbf{360}$

$\sigma(X)=\sqrt{960\times\frac{3}{8}\times\left(1-\frac{3}{8}\right)}=\mathbf{15}$

(2)　Xは近似的に正規分布$N(360,\ 15^2)$に従う。

$Z=\frac{X-360}{15}$ とおくと，Zは近似的に標準正規分布$N(0,\ 1)$に従う。

$X=375$ のとき　$Z=\frac{375-360}{15}=1$ であるから

$P(X \geqq 375)=P(Z \geqq 1)$
$=P(Z \geqq 0)-P(0 \leqq Z \leqq 1)$
$=0.5-0.3413$
$=\mathbf{0.1587}$

136　Xが正規分布$N(50,\ 10^2)$に従うとき，

$Z=\dfrac{X-50}{10}$ とおくと，Z は標準正規分布 $N(0,\ 1)$ に従う。

$$P(X \geqq k)=P\left(Z \geqq \frac{k-50}{10}\right)$$

であって，$P(X \geqq k)=0.025<0.5$ より $\dfrac{k-50}{10}>0$ である。よって

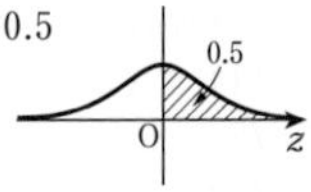

$$P\left(Z \geqq \frac{k-50}{10}\right)=P(Z \geqq 0)-P\left(0 \leqq Z \leqq \frac{k-50}{10}\right)$$
$$=0.5-P\left(0 \leqq Z \leqq \frac{k-50}{10}\right)$$

$P(X \geqq k)=0.025$ より

$$0.5-P\left(0 \leqq Z \leqq \frac{k-50}{10}\right)=0.025$$

$$P\left(0 \leqq Z \leqq \frac{k-50}{10}\right)=0.475$$

正規分布表から

$P(0 \leqq Z \leqq t)=0.475$ を満たす t は　$t=1.96$

ゆえに

$\dfrac{k-50}{10}=1.96$ より　$\boldsymbol{k=69.6}$

137

X は二項分布 $B\left(400,\ \dfrac{1}{2}\right)$ に従う。

$$E(X)=400\times\frac{1}{2}=200$$

$$\sigma(X)=\sqrt{400\times\frac{1}{2}\times\left(1-\frac{1}{2}\right)}=10$$

であるから，X は近似的に正規分布 $N(200,\ 10^2)$ に従う。

$Z=\dfrac{X-200}{10}$ とおくと，Z は近似的に標準正規分布 $N(0,\ 1)$ に従う。

(1)　$X=190$ のとき　$Z=\dfrac{190-200}{10}=-1$

$X=210$ のとき　$Z=\dfrac{210-200}{10}=1$

であるから

$$P(190 \leqq X \leqq 210)=P(-1 \leqq Z \leqq 1)$$
$$=2\times P(0 \leqq Z \leqq 1)$$
$$=2\times 0.3413$$
$$=\mathbf{0.6826}$$

(2)　$P(X \leqq k)=P\left(Z \leqq \dfrac{k-200}{10}\right)$

であって，$P(X \leqq k)\fallingdotseq 0.1<0.5$ より

$\dfrac{k-200}{10}<0$

である。よって

$$P\left(Z \leqq \frac{k-200}{10}\right)$$
$$=P\left(Z \geqq -\frac{k-200}{10}\right)$$
$$=P(Z \geqq 0)-P\left(0 \leqq Z \leqq -\frac{k-200}{10}\right)$$
$$=0.5-P\left(0 \leqq Z \leqq \frac{200-k}{10}\right)$$

したがって

$$0.5-P\left(0 \leqq Z \leqq \frac{200-k}{10}\right)\fallingdotseq 0.1$$

$$P\left(0 \leqq Z \leqq \frac{200-k}{10}\right)\fallingdotseq 0.4$$

正規分布表から

$P(0 \leqq Z \leqq t)\fallingdotseq 0.4$ を満たす t は　$t\fallingdotseq 1.28$

ゆえに

$\dfrac{200-k}{10}=1.28$ より　$k=187.2$

k は整数であるから　$\boldsymbol{k=187}$

138

(1)　身長を X cm とすると，X は正規分布 $N(170,\ 5^2)$ に従う。

$Z=\dfrac{X-170}{5}$ とおくと，Z は標準正規分布 $N(0,\ 1)$ に従う。

$X=179.8$ のとき，$Z=\dfrac{179.8-170}{5}=1.96$ であるから

$$P(179.8 \leqq X)=P(1.96 \leqq Z)$$
$$=P(0 \leqq Z)-P(0 \leqq Z \leqq 1.96)$$
$$=0.5-0.4750=0.0250$$

よって，身長が 179.8 cm 以上の生徒は，**およそ 2.5% いる。**

(2)　この高校の 2 年生男子の人数を n 人とすると

(1)より　$0.0250n=6$

であるから　$n=240$

よって，2 年生男子は，**およそ 240 人**である。

(3)　$X=163.1$ のとき，$Z=\dfrac{163.1-170}{5}=-1.38$

であるから

$$P(X \leqq 163.1)=P(Z \leqq -1.38)=P(1.38 \leqq Z)$$
$$=P(0 \leqq Z)-P(0 \leqq Z \leqq 1.38)$$
$$=0.5-0.4162=0.0838$$

ゆえに，(2)より　$240\times 0.0838=20.112$

よって，163.1 cm 以下の 2 年生男子は，**およそ 20 人**いる。

139 (1) **全数調査**　(2) **標本調査**

140 (1) $9^3=\mathbf{729}$ **(通り)**

(2) ${}_9P_3=9\times8\times7=\mathbf{504}$ **(通り)**

(3) ${}_9C_3=\dfrac{9\times8\times7}{3\times2\times1}=\mathbf{84}$ **(通り)**

141 X の母集団分布は次の表のようになる。

X	-1	1	計
P	$\frac{5}{9}$	$\frac{4}{9}$	1

よって

$$m=-1\cdot\frac{5}{9}+1\cdot\frac{4}{9}=-\mathbf{\frac{1}{9}}$$

$$\sigma^2=\left\{(-1)^2\cdot\frac{5}{9}+1^2\cdot\frac{4}{9}\right\}-\left(-\frac{1}{9}\right)^2=\mathbf{\frac{80}{81}}$$

$$\sigma=\sqrt{\frac{80}{81}}=\mathbf{\frac{4\sqrt{5}}{9}}$$

142

$$E(\overline{X})=\mathbf{169.2},\ \ \sigma(\overline{X})=\frac{5.5}{\sqrt{25}}=\frac{5.5}{5}=\mathbf{1.1}$$

143 母集団分布は次の表のようになる。

X	1	2	3	4	計
P	$\frac{1}{10}$	$\frac{2}{10}$	$\frac{3}{10}$	$\frac{4}{10}$	1

ゆえに，母平均 m と母標準偏差 σ は

$$m=1\cdot\frac{1}{10}+2\cdot\frac{2}{10}+3\cdot\frac{3}{10}+4\cdot\frac{4}{10}=3$$

$$\sigma=\sqrt{\left(1^2\cdot\frac{1}{10}+2^2\cdot\frac{2}{10}+3^2\cdot\frac{3}{10}+4^2\cdot\frac{4}{10}\right)-3^2}=1$$

よって

$$E(\overline{X})=m=\mathbf{3},\ \ \sigma(\overline{X})=\frac{\sigma}{\sqrt{2}}=\frac{1}{\sqrt{2}}=\mathbf{\frac{\sqrt{2}}{2}}$$

144 母集団分布は次の表のようになる。

X	1	2	3	計
P	$\frac{1}{5}$	$\frac{2}{5}$	$\frac{2}{5}$	1

ゆえに，母平均 m と母標準偏差 σ は

$$m=1\cdot\frac{1}{5}+2\cdot\frac{2}{5}+3\cdot\frac{2}{5}=\frac{11}{5}$$

$$\sigma=\sqrt{\left(1^2\cdot\frac{1}{5}+2^2\cdot\frac{2}{5}+3^2\cdot\frac{2}{5}\right)-\left(\frac{11}{5}\right)^2}=\frac{\sqrt{14}}{5}$$

よって

$$E(\overline{X})=m=\mathbf{\frac{11}{5}},\ \ \sigma(\overline{X})=\frac{\sigma}{\sqrt{2}}=\frac{\sqrt{14}}{5\sqrt{2}}=\mathbf{\frac{\sqrt{7}}{5}}$$

145 母標準偏差が 2 で，大きさ n の標本であるから

$$\sigma(\overline{X})=\frac{2}{\sqrt{n}}$$

$\sigma(\overline{X})\leqq0.1$ より　$\dfrac{2}{\sqrt{n}}\leqq0.1$

よって　$\sqrt{n}\geqq\dfrac{2}{0.1}$ より　$n\geqq400$

したがって，n を **400 以上**にすればよい。

146 1 個のさいころを 1 回投げるときに出る目を X とすると，母平均 m と母標準偏差 σ は

$m=\dfrac{7}{2}$，$\sigma=\dfrac{\sqrt{105}}{6}$　←教 p.54 例 6

したがって

$$E(\overline{X})=m=\mathbf{\frac{7}{2}}$$

$$\sigma(\overline{X})=\frac{\sigma}{\sqrt{105}}=\sigma\times\frac{1}{\sqrt{105}}$$
$$=\frac{\sqrt{105}}{6}\times\frac{1}{\sqrt{105}}=\mathbf{\frac{1}{6}}$$

147 得点の標本平均を $\overline{X}$ とすると，$\overline{X}$ は正規分布 $N\left(50,\ \dfrac{10^2}{25}\right)$

すなわち，正規分布 $N(50,\ 2^2)$ に従うとみなせる。

よって　$Z=\dfrac{\overline{X}-50}{2}$ とおくと，Z は標準正規分布 $N(0,\ 1)$ に従う。

$\overline{X}=48$ のとき　$Z=-1$ であるから

$$\begin{aligned}P(\overline{X}\leqq48)&=P(Z\leqq-1)\\&=P(Z\geqq1)\\&=P(Z\geqq0)-P(0\leqq Z\leqq1)\\&=0.5-0.3413\\&=\mathbf{0.1587}\end{aligned}$$

148 得点の標本平均を $\overline{X}$ とすると，$\overline{X}$ は正規分布 $N\left(50,\ \dfrac{20^2}{100}\right)$

すなわち，正規分布 $N(50,\ 2^2)$ に従うとみなせる。

よって　$Z=\dfrac{\overline{X}-50}{2}$ とおくと，Z は標準正規分布 $N(0,\ 1)$ に従う。

$\overline{X}=46$ のとき　$Z=-2$，$\overline{X}=54$ のとき　$Z=2$

であるから

$$\begin{aligned}P(46\leqq\overline{X}\leqq54)&=P(-2\leqq Z\leqq2)\\&=2\times P(0\leqq Z\leqq2)\end{aligned}$$

$=2\times0.4772$
$=\mathbf{0.9544}$

149　得点の標本平均を $\overline{X}$ とすると，$\overline{X}$ は正規分布 $N\left(50,\ \dfrac{20^2}{n}\right)$ に従うとみなせる。

(i)　$n=400$ のとき

$\overline{X}$ は正規分布 $N\left(50,\ \dfrac{20^2}{400}\right)$　すなわち，

$N(50,\ 1^2)$ に従うとみなせる。

よって　$Z=\dfrac{\overline{X}-50}{1}$ とおくと，Z は標準正規分布 $N(0,\ 1)$ に従う。

$\overline{X}=49$ のとき　$Z=-1$，$\overline{X}=51$ のとき　$Z=1$ であるから

$P(49\leqq\overline{X}\leqq51)=P(-1\leqq Z\leqq1)$
$=2\times P(0\leqq Z\leqq1)$
$=2\times0.3413$
$=\mathbf{0.6826}$

(ii)　$n=900$ のとき

$\overline{X}$ は正規分布 $N\left(50,\ \dfrac{20^2}{900}\right)$　すなわち，

$N\left(50,\ \left(\dfrac{2}{3}\right)^2\right)$ に従うとみなせる。

よって　$Z=\dfrac{\overline{X}-50}{\frac{2}{3}}$ とおくと，Z は標準正規分布 $N(0,\ 1)$ に従う。

$\overline{X}=49$ のとき　$Z=-1.5$，$\overline{X}=51$ のとき　$Z=1.5$ であるから

$P(49\leqq\overline{X}\leqq51)=P(-1.5\leqq Z\leqq1.5)$
$=2\times P(0\leqq Z\leqq1.5)$
$=2\times0.4332$
$=\mathbf{0.8664}$

150　$1.96\times\dfrac{6.0}{\sqrt{144}}=0.98$ であるから，信頼度 95% の信頼区間は

$38-0.98\leqq m\leqq38+0.98$ より

$\mathbf{37.02\leqq m\leqq38.98}$

151　$1.96\times\dfrac{0.10}{\sqrt{25}}=0.0392\fallingdotseq0.04$ であるから，信頼度 95% の信頼区間は

$1.24-0.04\leqq m\leqq1.24+0.04$

すなわち　$1.20\leqq m\leqq1.28$

よって，鋼板全体の厚さの平均値は，信頼度 95% で **1.20 mm 以上 1.28 mm 以下**と推定される。

152　母標準偏差 σ のかわりに標本の標準偏差 5 を用いる。標本の大きさ $n=100$ であるから

$1.96\times\dfrac{5}{\sqrt{100}}=0.98$

標本平均 $\overline{X}=51.0$ より，母平均 m に対する信頼度 95% の信頼区間は

$51.0-0.98\leqq m\leqq51.0+0.98$
$50.02\leqq m\leqq51.98$

すなわち　$50.0\leqq m\leqq52.0$

よって，A 社の石けんの重さの平均値は，信頼度 95% で **50.0 g 以上 52.0 g 以下**と推定される。

153　標本の大きさ $n=400$

標本比率 $\overline{p}=\dfrac{240}{400}=0.6$

であるから，$1.96\times\sqrt{\dfrac{0.6\times0.4}{400}}\fallingdotseq0.048$

よって，母比率 p の信頼度 95% の信頼区間は

$0.6-0.048\leqq p\leqq0.6+0.048$

すなわち　$0.552\leqq p\leqq0.648$

したがって，この選挙区における A 候補の支持率は，信頼度 95% で **0.552 以上 0.648 以下**と推定される。

154　赤球が 1 回以下または 10 回以上出る確率は

$P(X\leqq1)+P(X\geqq10)$
$=(0.0005+0.0054)+(0.0054+0.0005)$
$=0.0118<0.05$

よって，**仮説は否定できる。**

155　帰無仮説は「10 本のくじの中に，当たりは 3 本だけ入っている」であり，対立仮説は「10 本のくじの中に，当たりは 3 本だけではない」である。

$P(X\geqq6)$
$=0.01000+0.00122+0.00007$
$=0.01129<0.05$

したがって，復元抽出で 1 本ずつ 8 回くじを引いて，6 回以上当たりを引いたとき，帰無仮説は棄却され，対立仮説が正しいと判断できる。

すなわち，**10 本のくじの中に，当たりは 3 本だけではないといえる。**

156　帰無仮説を「A 店の平均時間は，グルー

プ全体の平均時間と比べて違いがない」とする。
帰無仮説が正しければ，A 店の注文を受けてから商品を渡すまでの時間 X 分は，正規分布 $N(5,\ 1^2)$ に従う。

このとき，標本平均 $\overline{X}$ は正規分布 $N\left(5,\ \dfrac{1^2}{16}\right)$ に従う。

よって，有意水準 5% の棄却域は

$$\overline{X} \leqq 5-1.96\times\frac{1}{\sqrt{16}},\ 5+1.96\times\frac{1}{\sqrt{16}} \leqq \overline{X}$$

より　$\overline{X} \leqq 4.51,\ 5.49 \leqq \overline{X}$

$\overline{X}=5.5$ は棄却域に入るから，帰無仮説は棄却される。

すなわち，**A 店の平均時間は，グループ全体の平均時間と比べて違いがあるといえる。**

157　帰無仮説を「飼育環境を改修したことで，卵の重さに違いが出ない」とする。
帰無仮説が正しければ，卵の重さ X g は，正規分布 $N(60,\ 4^2)$ に従う。

このとき，標本平均 $\overline{X}$ は正規分布 $N\left(60,\ \dfrac{4^2}{25}\right)$ に従う。

よって，有意水準 5% の棄却域は

$$\overline{X} \leqq 60-1.96\times\frac{4}{\sqrt{25}},\ 60+1.96\times\frac{4}{\sqrt{25}} \leqq \overline{X}$$

より　$\overline{X} \leqq 58.432,\ 61.568 \leqq \overline{X}$

$\overline{X}=63$ は棄却域に入るから，帰無仮説は棄却される。

すなわち，**卵の重さに違いが出たといえる。**

158　製品の 1 個あたりの重さを X とすると，X が正規分布 $N(m,\ \sigma^2)$ に従うから，大きさ n の標本を無作為抽出するときの母平均 m に対する信頼度 95% の信頼区間は

$$\overline{X}-\frac{1.96\sigma}{\sqrt{n}} \leqq m \leqq \overline{X}+\frac{1.96\sigma}{\sqrt{n}}$$

であるから，信頼区間の幅は　$2\times\dfrac{1.96\sigma}{\sqrt{n}}$

よって　$2\times\dfrac{1.96\sigma}{\sqrt{n}} \leqq 0.2\sigma$

より　$\sqrt{n} \geqq \dfrac{2\times1.96\sigma}{0.2\sigma}$

$\sqrt{n} \geqq 19.6$

$n \geqq 384.16$

したがって，標本の大きさを少なくとも **385 個**にすればよい。

159　全国の 5 歳児の身長を X cm とすると，大きさ n の標本を無作為抽出するときの母平均 m に対する信頼度 95% の信頼区間は

$$\overline{X}-\frac{1.96\times5}{\sqrt{n}} \leqq m \leqq \overline{X}+\frac{1.96\times5}{\sqrt{n}}$$

であるから，信頼区間の幅は　$2\times\dfrac{1.96\times5}{\sqrt{n}}$

よって　$2\times\dfrac{1.96\times5}{\sqrt{n}} \leqq 1.4$

より　$\sqrt{n} \geqq \dfrac{2\times1.96\times5}{1.4}$

$\sqrt{n} \geqq 14$

$n \geqq 196$

したがって，**196 人以上**調べればよい。

160　標本の大きさ n が大きいとき，母比率を p，標本比率を $\overline{p}$ とすると，$\overline{p}=p=0.1$ とみなせるから，母比率 p に対する信頼度 95% の信頼区間は

$$0.1-1.96\sqrt{\frac{0.1\times0.9}{n}} \leqq p \leqq 0.1+1.96\sqrt{\frac{0.1\times0.9}{n}}$$

より，信頼区間の幅は

$$2\times1.96\sqrt{\frac{0.1\times0.9}{n}}$$

よって　$2\times1.96\sqrt{\dfrac{0.1\times0.9}{n}} \leqq 0.02$

より　$\sqrt{n} \geqq \dfrac{2\times1.96\sqrt{0.1\times0.9}}{0.02}$

$\sqrt{n} \geqq 58.8$

$n \geqq 3457.44$

したがって，標本の大きさを **3458 以上**にすればよい。

161　母比率を p，標本比率を $\overline{p}$ とすると，$\overline{p}=p=0.8$ とみなせるから，母比率 p に対する信頼度 95% の信頼区間は

$$0.8-1.96\sqrt{\frac{0.8\times0.2}{n}} \leqq p \leqq 0.8+1.96\sqrt{\frac{0.8\times0.2}{n}}$$

より，信頼区間の幅は

$$2\times1.96\sqrt{\frac{0.8\times0.2}{n}}$$

よって　$2\times1.96\sqrt{\dfrac{0.8\times0.2}{n}} \leqq 0.02$

より　$\sqrt{n} \geqq \dfrac{2\times1.96\sqrt{0.8\times0.2}}{0.02}$

$\sqrt{n} \geqq 78.4$

$n \geqq 6146.56$

したがって，標本の大きさを **6147 以上**にすれば

よい。

162 帰無仮説を「この日の機械には異常がない」とする。帰無仮説が正しければ，1つの製品が不良品となる確率は $\frac{1}{50}$ である。ここで，無作為抽出して調べた400個の製品中に含まれる不良品の個数を X とすると，X は二項分布 $B\left(400,\ \frac{1}{50}\right)$ に従う。
ゆえに，X の期待値 m と標準偏差 σ は

$$m=400\times\frac{1}{50}=8,\quad \sigma=\sqrt{400\times\frac{1}{50}\times\frac{49}{50}}=2.8$$

であるから，X は近似的に正規分布 $N(8,\ 2.8^2)$ に従う。
よって，有意水準5%の棄却域は

$$X\leqq 8-1.96\times 2.8,\quad 8+1.96\times 2.8\leqq X$$

より　$X\leqq 2.512,\ 13.488\leqq X$
$X=15$ は棄却域に入るから，帰無仮説は棄却される。
すなわち，**この日の機械には異常があるといえる。**

163 帰無仮説を「発芽率は80%である」とする。帰無仮説が正しければ，1つの種子が発芽する確率は $\frac{4}{5}$ である。ここで，種子100個を植えたとき，発芽する種子の数を X とすると，X は二項分布 $B\left(100,\ \frac{4}{5}\right)$ に従う。
ゆえに，X の期待値 m と標準偏差 σ は

$$m=100\times\frac{4}{5}=80,\quad \sigma=\sqrt{100\times\frac{4}{5}\times\frac{1}{5}}=4$$

であるから，X は近似的に正規分布 $N(80,\ 4^2)$ に従う。
よって，有意水準5%の棄却域は

$$X\leqq 80-1.96\times 4,\quad 80+1.96\times 4\leqq X$$

より　$X\leqq 72.16,\ 87.84\leqq X$
$X=73$ は棄却域に入らないから，帰無仮説は棄却されない。
すなわち，**この種子の宣伝は正しいとも正しくないともいえない。**

164 (1) 帰無仮説を「この機械で生産した製品は異常でない」とする。帰無仮説が正しければ，製品の長さ X は正規分布 $N(60,\ 5^2)$ に従う。このとき，標本の大きさ n の標本平均 $\overline{X}$ は正規分布 $N\left(60,\ \frac{5^2}{n}\right)$ に従う。
よって，有意水準5%の棄却域は

$$\overline{X}\leqq 60-1.96\times\frac{5}{\sqrt{n}},\quad 60+1.96\times\frac{5}{\sqrt{n}}\leqq\overline{X}$$

標本平均が58.6 cm以下または61.4 cm以上のときは機械に異常があるとするためには

$$60-1.96\times\frac{5}{\sqrt{n}}\geqq 58.6,$$

$$60+1.96\times\frac{5}{\sqrt{n}}\leqq 61.4$$

より　$\sqrt{n}\geqq\frac{1.96\times 5}{1.4}$

$\sqrt{n}\geqq 7$

$n\geqq 49$

したがって，n は少なくとも **49** にすればよい。

(2) 帰無仮説「さいころは正しくつくられている」が正しければ，偶数の目が出る確率は $\frac{1}{2}$ である。ここで，n 回投げて，偶数の目が出た回数を X とすると，X は二項分布 $B\left(n,\ \frac{1}{2}\right)$ に従う。
ゆえに，X の期待値 m と標準偏差 σ は

$$m=n\times\frac{1}{2}=\frac{n}{2},\quad \sigma=\sqrt{n\times\frac{1}{2}\times\frac{1}{2}}=\frac{\sqrt{n}}{2}$$

であるから，n が大きければ，X は近似的に正規分布 $N\left(\frac{n}{2},\ \left(\frac{\sqrt{n}}{2}\right)^2\right)$ に従う。
よって，有意水準5%の棄却域は

$$X\leqq\frac{n}{2}-1.96\times\frac{\sqrt{n}}{2},\quad \frac{n}{2}+1.96\times\frac{\sqrt{n}}{2}\leqq X$$

n 回投げて，偶数の目が出た割合が48%以下または52%以上のとき帰無仮説を棄却するには

$$\frac{n}{2}-1.96\times\frac{\sqrt{n}}{2}\geqq\frac{48}{100}n,$$

$$\frac{n}{2}+1.96\times\frac{\sqrt{n}}{2}\leqq\frac{52}{100}n$$

より　$\sqrt{n}\geqq\frac{98}{2}$

$\sqrt{n}\geqq 49$

$n\geqq 2401$

したがって，n は少なくとも **2401** にすればよい。

165 A社の製品の重さを X_1，母平均を m_1 とすると，X_1 は正規分布 $N(m_1,\ 5^2)$ に従うから，標本平均 $\overline{X_1}$ は正規分布 $N\left(m_1,\ \frac{5^2}{400}\right)$ に従う。

B 社の製品の重さを X_2，母平均を m_2 とすると，
X_2 は正規分布 $N(m_2,\ 12^2)$ に従うから，標本平均
$\overline{X_2}$ は正規分布 $N\left(m_2,\ \dfrac{12^2}{400}\right)$ に従う。
帰無仮説を「母平均は等しい」とすると，帰無仮説が正しければ，$m_1=m_2$
$\overline{X_1}$，$\overline{X_2}$ は互いに独立であるから，
$\overline{X_1}-\overline{X_2}$ は正規分布

$$N\left(m_1-m_2,\ \frac{5^2}{400}+\frac{12^2}{400}\right)$$

すなわち，$N\left(0,\ \dfrac{13^2}{400}\right)$ に従う。
よって，$\overline{X_1}-\overline{X_2}$ の有意水準 5% の棄却域は

$$\overline{X_1}-\overline{X_2} \leqq 0-1.96\times\frac{13}{20}$$

$$0+1.96\times\frac{13}{20} \leqq \overline{X_1}-\overline{X_2}$$

より

$$\overline{X_1}-\overline{X_2} \leqq -1.274,\ 1.274 \leqq \overline{X_1}-\overline{X_2}$$

標本平均の差 1.5 は棄却域に入るから，帰無仮説は棄却される。
したがって，**重さの平均に違いがあるといえる。**

スパイラル数学B　解答編

●編　者　実教出版編修部
●発行者　小田　良次
●印刷所　寿印刷株式会社

●発行所　実教出版株式会社
〒102-8377
東京都千代田区五番町5
電話＜営業＞(03)3238-7777
　　＜編修＞(03)3238-7785
　　＜総務＞(03)3238-7700
https://www.jikkyo.co.jp/

002402023　ISBN 978-4-407-35691-5

実教出版株式会社

本書は植物油を使ったインキおよび再生紙を使用しています。

見やすいユニバーサルデザイン
フォントを採用しています。

UD FONT

9784407356915

1927041001003

ISBN978-4-407-35691-5

C7041 ¥100E

定価110円(本体100円)

スパイラル
数学B

Mathematics

年　組　番

名前